Die Geheimnisse des Oktopus

Zur Erinnerung an Wilson Menashi

SY MONTGOMERY

Die Geheimnisse des Oktopus

INTELLIGENZ UND
ELEGANZ DER MAGISCHEN
MEERESBEWOHNER

NATIONAL GEOGRAPHIC

Inhalt

Ein Ader- oder Kokosnuss-Oktopus, *(Amphioctopus marginatus)*, sucht Schutz in einer Muschelschale.

SEITEN 2–3: Ein Oktopus, blau gefärbt durch Hämocyanin, ein Pigment in seinem Blut, flitzt durch die eiskalten Gewässer der Antarktis.

SEITEN 6–7: Ein Oktopus aalt sich im lauwarmen Wasser der Mayotte-Inselgruppe zwischen Mosambik und Madagaskar.

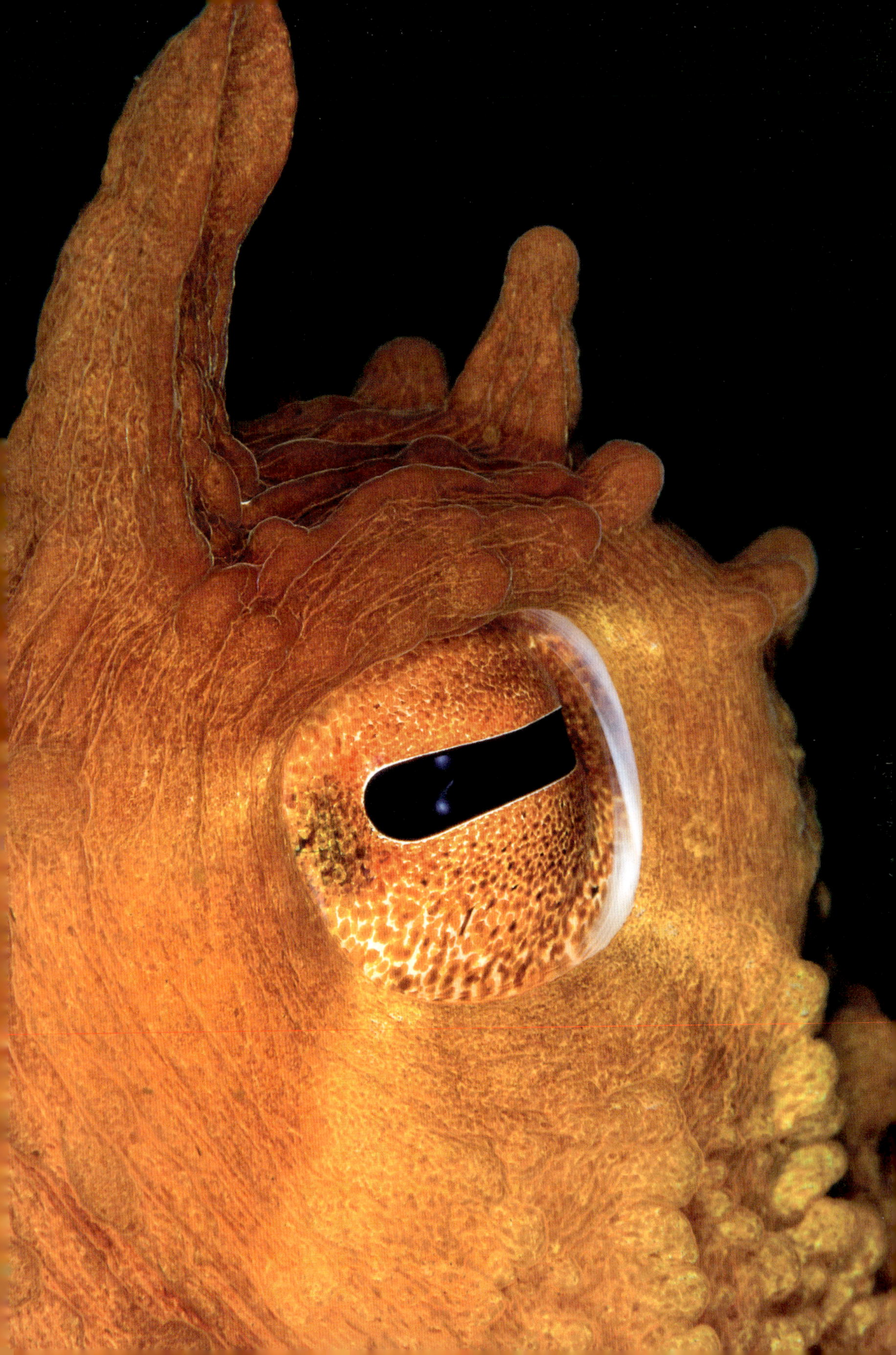

VORWORT

DR. ALEX SCHNELL

Schon immer hat der Ozean mich fasziniert, doch erst meine erste Begegnung mit einem Oktopus hat dann richtig mein Herz gefesselt und mich später dazu inspiriert, Meeresbiologin zu werden.

Der Ozean lag ganz glatt da. Ich wollte herausfinden, was sich in einem Gezeitentümpel befand, sah aber nichts anderes als mein Spiegelbild. Unbeirrt tastete mein fünf Jahre altes Ich nach kleinen Tieren – Seesternen, Einsiedlerkrebsen, Uferschnecken –, bis meine Hand etwas Weiches und Glitschiges berührte. Eine Nacktschnecke vielleicht? Es fühlte sich seltsam an. Das unbekannte Wesen bewegte sich durchaus interessiert über meine Haut. Kleine Saugnäpfe rollten sanft über meine Handfläche. Es fühlte sich an wie ein Streicheln. Das war unser erster Kontakt: mein E.-T.-Moment, die erste Begegnung zweier Wesen aus unterschiedlichen Welten.

Das Auge eines Pazifischen Riesenkraken, *(Enteroctopus dofleini)*, zeigt seine horizontale Pupille.

Vorhergehende Seiten: Ein Südpazifischer Riesenkrake, *(Enteroctopus megalocyathus)*, auf einem Bett aus Seeigeln bei der Isla de los Estados vor Argentinien

Langsam hob ich meine Hand und sah ausgestreckt in meiner Handfläche einen kleinen, knochenlosen Arm, rötlich und mit Hunderten von Saugnäpfen. Begierig, mehr zu erfahren, versuchte ich, durch das reflektierende Wasser zu blicken. Wie in einem 3-D-Bild kam eine besondere Form zum Vorschein. Der Arm in meiner Hand hing an etwas, das aussah wie ein Wasserballon in der Größe einer Orange. Noch erkannte ich das Wesen nicht, also suchten meine Augen nach etwas Vertrautem. Dann entdeckte ich zwei große Augen an dem Ballon. Aus einem besonderen und schönen Gesicht sahen zwei seltsam rechteckige Pupillen zu mir auf.

Zwei weitere Arme streckten sich aus, um meine Hand zu erforschen, und in dem Moment verwandelten sich Farbe und Textur der Haut auf magische Weise. Diese kunstvolle Verwandlung freute meine kindliche Fantasie, doch inzwischen weiß ich, dass sie auch eine tiefergehende Bedeutung hat. Solche Veränderungen an der Haut eines Kraken sind Ausdruck einer Emotion, so wie ein Mensch die Stirn runzeln, lächeln oder erröten würde. War er belustigt, verwirrt oder überrascht? Oder empfand er etwas ganz anderes?

An dem Tag enthüllte das Meer mir ein Geheimnis: Einer seiner bizarrsten und mysteriösesten Bewohner war außerdem unheimlich neugierig. Da war ein wild lebender Oktopus, von Natur aus Einzelgänger, ein grimmiges und intelligentes Raubtier, das aber neugierig genug war, bewusst mit einem fremden Lebewesen zu interagieren.

SEITHER HATTE ICH das Glück, vielen verschiedenen Oktopussen zu begegnen. Jedes dieser Treffen ist denkwürdig, wunderbar verrückt und erstaunlich flüchtig. Danach beschleicht mich oft ganz stark das Gefühl, dass ich einem anderen intelligenten Wesen begegnet bin, das mehr Fragen als Antworten hat.

Damit bin ich nicht allein. Oft beschreiben Menschen ihre Begegnung mit Oktopussen ganz ähnlich: intensiv und doch seltsam und so, dass man mehr ihrer Geheimnisse enthüllen möchte.

Dieses spannende Buch öffnet ein Fenster ins Leben dieser Geschöpfe. Sy Montgomery, eine amerikanische Naturforscherin mit spezieller Begeisterung für Kopffüßer, enthüllt die bemerkenswerten Verhaltensweisen und Eigenarten der Oktopusse.

Die Geschichte beginnt mit einer visuellen Reise, um mehr über die Magie der Oktopushaut zu erfahren. Sie sind sehr gute Wandlungskünstler, die sich im Nu in ein stacheliges Korallenteil, einen unförmigen Algenhaufen oder einfach in Sand verwandeln können. Manche Arten sind wahre Meister der Verstellung und praktizieren die Kunst der Tarnung auf einer höheren Ebene, indem sie sogar Form und Bewegung anderer Tiere nachahmen.

Der vielleicht überraschendste Teil dieses Buches ist die anschließende emotionale Reise. Sy Montgomery verbindet Wissenschaft mit Anekdoten, erzählt von ihren Erlebnissen und denen anderer Menschen. So können wir uns vorstellen, wie Oktopusse ihre Welt erforschen, was sie motiviert und wie selbst einzelne der Tiere eigene Persönlichkeiten und Eigenheiten haben. Wir erhalten Einblicke in unerwartete Ähnlichkeiten dieser weichen Wesen mit anderen intelligenten Lebensformen, auch mit uns.

Einige Beispiele zeigen Eigenschaften von Oktopussen, die wir normalerweise nur Vögeln mit großen Gehirnen und Säugetieren zuschreiben würden, wie Krähen, Schimpansen, Walen und Elefanten. Oktopusse benutzen Werkzeuge, zeigen spielerisches Verhalten, lernen aus verschiedenen Erfahrungen und bauen Partnerschaften mit anderen Tiergattungen auf.

Was meinen Wissenschaftlerkopf am meisten erstaunt, sind die Verbindungen von Oktopussen und Menschen. Meist sind die Tiere viel kleiner als wir, ohne schützendes Gehäuse, und doch scheinen ihre Neugier und ihr Bedürfnis, Menschen zu treffen und kennenzulernen, oft größer als jegliche Angst oder Besorgnis.

Frühe Naturphilosophen wie Aristoteles (384–322 v. Chr.) und Plinius d. Ä. (23–79 n. Chr.) hielten das neugierige Wesen von Oktopussen für dumm und einfältig. Wale und Delfine jedoch wurden nicht verspottet, als sie dieselbe Neugier gegenüber Menschen zeigten. Ist der historische Mangel an Empathie für Oktopusse auf ihre bizarre Anatomie zurückzuführen oder steckt etwas anderes dahinter?

UNSER PLANET IST DIE HEIMAT von Millionen von Arten. Nicht alle wecken gleich starke Gefühle in uns. Empathie und Mitgefühl sind für enger mit uns verwandte Arten offenbar ausgeprägter, genetisch weniger ähnliche Arten wecken weniger positive Gefühle. Untersuchungen zeigen, dass unsere empathische Wahrnehmung vom Wissen über die jeweilige Art beeinflusst wird. Neue Studien haben nachgewiesen, dass Tierarten mit völlig anderer Abstammung uns dennoch ähnlicher sind, als wir früher glaubten. Honigbienen zum Beispiel verwenden Werkzeuge, Hummer spüren Schmerzen, Putzerlippfische (kleine blaue Fische) können sich scheinbar im Spiegel erkennen.

Solche Erkenntnisse verändern unsere Sichtweise. Sie tragen dazu bei, die Barrieren des »Anders-Seins« aufzuheben und ermöglichen eine emotionale Verbindung zu anderen Lebensformen.

Ich halte diesen Perspektivwechsel für revolutionär, so wie 1543 Kopernikus' Entdeckung die Art veränderte, wie wir unsere Welt und vor allem unseren Platz darin sehen. Jahrhundertelang glaubten wir, die Erde sei der Fixstern, um den Sonne, Mond, Sterne und andere Planeten sich drehten. Aber Kopernikus zeigte eine detaillierte Alternative und stellte statt der Erde die Sonne in den Mittelpunkt des Kosmos. Seine Erkenntnisse setzten einen epochalen Blickwechsel in Gang. Die Erde wurde als Zentrum unseres Universums entthront und die moderne Astronomie war geboren.

Ich glaube, wir stehen am Anfang einer ähnlichen Revolution. Uns wird klar, dass wir nicht die einzigen mit komplexerem Verstand sind. Beweise für kognitive und emotionale Intelligenz findet man überall, auch bei Wesen, bei denen wir am wenigsten damit gerechnet hätten. Wir erhalten ein radikal neues Verständnis vom Denken der Tiere, was nicht nur dazu beiträgt, unsere Denkweisen gegenüber Tieren wie dem Oktopus zu verändern, sondern auch unsere Art, sie zu behandeln.

Je mehr wir über sie erfahren, desto empathischer und mitfühlender werden wir, was wiederum das Bedürfnis vergrößert, diese mysteriösen Kriechtiere und ihre fragilen Ökosysteme zu schützen. *Die Geheimnisse der Oktopusse* ist der perfekte Begleiter auf dieser transformierenden Reise.

EINFÜHRUNG

Vom Monster

zum Superhelden

Noch nie hatte ich jemanden wie Athena getroffen.

Sie war ausgewachsen, aber trotzdem nur etwa 1,20 Meter groß und gerade mal 18 Kilo schwer. Und sie war auch sonst ungewöhnlich. Sie konnte Farbe und Form verändern, Gift absondern, Tinte spritzen und sich fortbewegen, indem sie Wasser durch einen Trichter am Kopf ausstieß. Ganz abgesehen davon, dass sie ihren ausladenden, knochenlosen Körper durch eine orangengroße Öffnung zwängen konnte. Ihr Kopf war nicht oben am Körper. Dort saß der als Mantel bekannte Körperteil mit den Atmungs-, Verdauungs- und Fortpflanzungsorganen. Ihr Kopf war da, wo man den Rumpf erwarten würde, und ihr Schnabel war in ihrer Achselhöhle.

Athena war ein Pazifischer Riesenkrake, ein *Enteroctopus dofleini.* Sie gehören wie Sepien (Echte Tintenfische) und Kalmare zur Gruppe der Tintenfische.

Wir lernten uns im New-England-Aquarium in Boston kennen. Der Leiter des Aquariums, Scott Dowd, öffnete den schweren Deckel zu ihrem Tank. Ich stand auf einem Schemel und lehnte mich darüber. Ihre Farbe veränderte sich vor Aufregung von einem fahlen Braun zu hellem Rot, als sie ihren fließenden Körper aus seinem felsigen Versteck schwappte. Eines ihrer glitzernden Augen suchte meines, ihre Arme glitten nach oben, um mich zu begrüßen. Mit Scotts

---

Dieser meist auf Rapa Iti, einer Insel in Französisch-Polynesien, gefundene Oktopus wird von den Einheimischen *fe'e mototi*, Gift-Oktopus, genannt. Sein Körper ist nur zehn Zentimeter lang.

Vorhergehende Seiten: Weibliche Löcherkraken, *(Tremoctopus)*, können 1,80 Meter lang werden. Sie dehnen ihr Gewebe zwischen einigen ihrer Arme aus, um Fressfeinde abzuschrecken.

Erlaubnis tauchte ich Hände und Arme in das klirrend kalte Salzwasser (8 °C), und ließ sie meine Haut mit ihren forschenden weißen Saugnäpfen umschließen. Sie schmeckte und fühlte mich gleichzeitig.

Die meisten Beziehungen beginnen nicht derart intim. Wenn mich ein Mensch in diesem Stadium unserer Freundschaft so berührt hätte, wäre ich alarmiert gewesen.

Mir wurde bewusst, dass sich nicht jeder gern von einem Oktopus umarmen lassen würde. Das Wasser war kalt, Athenas Haut glitschig, sie war giftig – und ich dachte daran, dass ich später zu Hause meinem Mann würde erklären müssen, warum meine Arme voller Knutschflecken waren.

Aber ich war weder besorgt noch ängstlich. Ich war beschwingt.

Athena begrüßte meine Gesellschaft nicht nur, sie gestattete mir, ihren Kopf zu berühren. Noch nie zuvor hatte sie einem Besucher das zugestanden. Und nachdem wir ein wenig Zeit miteinander verbracht hatten, veränderte sie wieder ihre Farbe. Unter meiner Berührung wurde sie weiß – wie ich später lernte, die Farbe eines Oktopusses, der entspannt ist.

Mir war klar, dass wir einen aufschlussreichen Austausch erlebt hatten. Zu meiner Überraschung war Athena genauso neugierig auf mich wie ich auf sie.

»Aber sind das nicht diese Monster?«, fragte mich meine Freundin Jody Simpson am nächsten Tag beim Waldspaziergang mit unseren Hunden. Jody war sehr tierlieb. Sie besaß zwei Pudel und eine Katze, war eine gute Reiterin und fütterte gern wilde Vögel. Aber ein Oktopus? Wie konnte man irgendeine Verbindung mit einem Oktopus haben?

Tatsächlich wurden Oktopusse in der westlichen Literatur jahrhundertelang als Dämonen des Ozeans dargestellt. »Kein Tier im Wasser verursacht mehr Tode von Menschen«, schrieb der römische Philosoph und Feldherr Plinius d. Ä. um 77 v. Chr., »da es mit ihm kämpft, indem es ihn umschlingt, mit Saugnäpfen festhält und unter Wasser zieht.« Weil sie sich so von uns unterscheiden, weil manche Arten so groß werden können (einige der größten wiegen an die 136 Kilo) und so viel Kraft haben (ein einzelner Saugnapf eines Pazifischen Riesenkraken kann mehr als 16 Kilo ansaugen – und ein Exemplar hat 1600 davon), jagen Oktopusse Menschen Angst ein – oder zumindest denen, die nicht das Glück haben, einen kennenzulernen.

Beinahe zwei Jahrtausende nach Plinius sprach Filmemacher John Williams immer noch schlecht über sie.

»Hai, Muräne, Barrakuda, sie alle erscheinen harmlos, unschuldig, freundlich und sogar attraktiv im Vergleich zum Oktopus«, schrieb er. »Man kann nicht in Worte fassen, welchen Horror man empfindet, wenn einen die großen lidlosen Augen anstarren. Das Blut gefriert einem in den Adern und man spürt kalten Angstschweiß.«

Ich habe das so nicht erlebt. Mir war Athenas Berührung angenehm. Ihre glitschige Hülle war seidig und cremig, ihre Haut weich. Das Gefühl der Saugnäpfe auf meiner Haut erinnerte mich an kleine Küsse. Athenas sich verändernde Haut, ihr wacher Blick und ihre fließende Anmut: All das faszinierte mich mit seiner fremdartigen Schönheit.

Ihre Andersartigkeit bezauberte mich. Nach nahezu jeder Klassifizierung der Tierwelt waren wir das genaue Gegenteil voneinander. Sie stammte aus der Gruppe der Urmünder, bei denen sich zuerst der Schnabel entwickelt. Ich aus der Gruppe der Neumünder, bei denen sich die Rückseite zuerst entwickelt. Sie war wirbellos, ich hatte ein Skelett. Sie lebte im Wasser, ich an Land. Sie atmete Wasser, ich Luft. Das letzte Mal, als ihre und meine Art einen gemeinsamen Vorfahren besaßen, war vor einer halben Milliarde Jahren.

Doch trotz der klaffenden Lücke in unseren taxonomischen Klassifizierungen schien es möglich, dass wir uns verstehen, vielleicht sogar Freunde werden könnten.

Und dann begann Athena, mich in ihren Tank zu ziehen.

Mit seinen hydrostatischen Muskeln, die eher so funktionieren wie die in unserer Zunge als die in unserem Bizeps, kann ein Oktopus ihrer Größe das Hundertfache seines Körpergewichts ziehen. Das wären 1814 Kilo. Ich wiege 57 Kilo. Doch ich hatte keine Angst, ich spürte keine Bösartigkeit. Ihr Ziehen war beharrlich, aber behutsam. Ich fürchtete nicht, dass sie mich fressen wollte. Mir war auf beruhigende Weise bewusst, dass Schnabel und Giftdrüsen ganz woanders waren als die Arme, die hartnäckig an meinen zogen. Es war keine Bedrohung, eher eine Einladung – ich nahm sie geehrt an.

ATHENA SCHAFFTE ES NICHT, mich ganz in ihr Zuhause zu ziehen. Ich hätte nicht hineingepasst. Ihr Wohnraum war groß, aber bestand zum Großteil aus Verstecken, in die sie selbst anmutig hineingleiten konnte, mein ungeschickter, knochiger Körper jedoch nicht. Dann war da noch das Problem meiner fehlenden Kiemen – Organe, die ich, wie alle Säugetiere, als Embryo zunächst entwickelt, aber dann als Fötus verloren hatte, im Austausch gegen lufthungrige Lungen.

Aber diese fremdartige, schöne, neugierige Kreatur zog mich in ihre Welt – eine Welt, die ich seit ihrem Tod erforsche. Traurigerweise leben Oktopusse nicht lange. Pazifische Riesenkraken nur drei bis fünf Jahre, und Athena war, als ich sie traf, schon alt für einen Oktopus. Aber ihre Nachfolgerinnen im Aquarium, Octavia, Kali und Karma, lernte ich ziemlich gut kennen. Ich besuchte sie jede Woche, um sie zu beobachten, zu füttern, zu streicheln und mit ihnen zu spielen.

Sie alle lernten schnell, mich von anderen Menschen zu unterscheiden. Vorangegangene Experimente am Seattle-Aquarium hatten gezeigt, dass Oktopusse menschliche Gesichter erkennen. Und die Wärter wissen genau, dass Oktopusse sehr individuell sind – wie wir alle. Manche Menschen mögen sie und andere nicht, warum auch immer. Eine Person, die Octavia entschieden nicht mochte, war meine beste Freundin Liz Thomas, eine Tierforscherin, die Löwen, Hunde, Hirsche und Wölfe studiert hatte. Zu meiner Überraschung und meinem Missfallen zog Octavia sich von Liz' erster Berührung zurück, als ich die beiden miteinander bekannt machte, und mied sie von da an. (Vielleicht lag es daran, dass meine Freundin rauchte; Wirbellose im Allgemeinen stößt Nikotin ab, und obwohl Liz ihre Hände gewaschen hatte, schmeckte Octavia womöglich die schädliche Substanz im Blut unter Liz' Haut.) Ich hatte Glück, denn alle Oktopusse, die ich traf, mochten mich.

Sie alle waren verspielt und intelligent, doch jeder hatte eine andere Persönlichkeit. Octavia war zunächst reserviert, wurde dann aber zu einer sehr sanften, liebevollen und treuen Freundin. Einmal kam ich nach ein paar Wochen Abwesenheit ins Aquarium zurück und wurde von ihr außerordentlich enthusiastisch begrüßt. Wir fielen uns buchstäblich in die Arme, und dann hielt sie mich über eine Stunde lang fest und sah mich an – so, wie man einen Freund umarmen würde, von dem man zu lange getrennt war. Die stürmische Kali, ein kleinerer, jüngerer Oktopus, der in einem Fass abseits lebte, trainierte mich und andere Menschen, die ihr zugetan waren, ihr sofort einen Fisch zu geben, sobald wir den Deckel zu ihrem Behälter öffneten. Wenn das zu lange

88 einzelne Saugnäpfe an nur einem Arm dieses Sternennacht-Oktopusses *(Octopus luteus)*

dauerte, spritzte sie einem eiskaltes Salzwasser aus ihrem Trichter ins Gesicht, also aus jener beweglichen Röhre an der Seite ihres Kopfes, mit der Oktopusse durchs Meer flitzen. Karma, die auf Octavia folgte, war sanft und herzlich. Ihre Farben waren so faszinierend – ich glaube, mein Aquariumskollege Wilson Menashi war, obwohl glücklich verheiratet, in sie verliebt.

2015 erschien mein Buch *Rendezvous mit einem Oktopus. Das erstaunliche Seelenleben der Kraken*. Der Titel gab einigen Lesern zu denken. Wie konnte ein Oktopus eine Seele haben? (Viele Wissenschaftler und Philosophen glauben nicht an Seelen; manche glauben, dass nicht einmal Menschen ein Bewusstsein haben, sondern dass dies nur ein erfundenes Konzept ist, damit wir mit der Sinnlosigkeit unserer Existenz klarkommen.) Oktopusse sind Mollusken, Verwandte der hirnlosen Muscheln. Manche Leute meinten, die Annahme, ein Oktopus könne eine Seele oder eine Persönlichkeit, Gedanken, Erinnerungen oder Gefühle haben, sei nur ein Produkt der fehlgeleiteten menschlichen Neigung, Tiere zu anthropomorphisieren, also nichtmenschlichen Wesen fälschlich »menschliche« Gefühle zuzuschreiben, so wie ein Kind einer Puppe.

Sie irren sich. Ja, es ist einfach, seine Gefühle auf ein Tier zu übertragen – oder auf einen anderen Menschen. Wem ist das nicht schon mal passiert? Wir haben alle schon mal das falsche Geschenk für einen lieben Freund ausgesucht oder einen für uns lustigen Witz erzählt, der danebenging, oder uns mit jemandem verabredet, der unsere Gefühle nicht erwiderte. Wie andere Menschen auch, teilen Tiere nicht immer unseren Blickwinkel. Sonst würden Fische versuchen, aus dem Wasser herauszukommen, und Ihr Hund würde nicht mitten auf dem Wohnzimmerteppich, umgeben von Menschen, ungeniert seine Weichteile lecken. Tiere sind nicht einfach nur Menschen in Fell, Federn und Schuppen.

Aber die Annahme, dass Tiere Automaten ohne Gedanken oder Gefühle seien, wird von Verhaltenswissenschaftlern zunehmend als ebenso überholt angesehen wie Plinius' *Naturalis Historia*. (Übrigens: Obwohl Plinius Oktopusse für bösartig und dumm hielt, glaubte er nicht, dass sie keinen Verstand hätten oder dass nur Menschen denken. Diese Auffassung vertrat erst der französische Philosoph René Descartes, der 1637 den berühmten Ausspruch »Ich denke, also bin ich« formulierte.) Jane Goodalls Erkenntnisse, dass Schimpansen klug genug sind, um Werkzeuge anzufertigen, und dass sie sehr unterschiedliche Persönlichkeiten zeigen, widerlegten die Annahme, dass nur Menschen mentale Erfahrungen machen. Seither hat die Wissenschaft Unmengen von Daten gesammelt, die das stützen, was viele von uns bereits wussten: dass Tiere, von Elefanten und Delfinen über Fruchtfliegen und Echte Tintenfische, denken, fühlen und wissen. Sogar – und vielleicht insbesondere – Oktopusse.

Ich begann meine Beziehungen zu Oktopussen ohne Erwartungen. Ich wusste so wenig über sie – nicht einmal, dass ich mein Leben lang den falschen Plural, »octopi«, benutzt hatte. (»I« ist eine lateinische Endung, aber »octopus« kommt aus dem Griechischen.)

Die Geschichten über Athenas Neugier, Octavias Hingabe und Karmas Sanftmut begeisterten Leser in aller Welt. Bei der Textpassage, als Kali durch ein winziges Loch aus ihrem Tank glitt und starb, waren unzählige Leser zu Tränen gerührt, wie sie mir schrieben. Zur allgemeinen Überraschung wurde ein Buch über maritime Wirbellose, die wenige Menschen jemals außerhalb eines Aquariums gesehen hatten, innerhalb von ein paar Wochen nach Erscheinen zu einem nationalen Bestseller. Es war im Finale für einen angesehenen Literaturpreis, für den naturgeschichtliche Bücher selten nominiert werden, und wurde in mehr als zwölf Sprachen übersetzt.

In New York City traf der damals 27-jährige Warren Carlyle auf den Buchseiten Athena, Octavia, Kali und Karma. Er war seit seinem achten Lebensjahr Oktopusfan. »Ich konnte nicht glauben, dass die Welt das Wundersame dieser großartigen Tiere noch immer nicht begriffen hat«, sagt er. Statt als Monster

Folgende Seiten: Zwei Große Blaue Kraken, *(Octopus cyanea)*, kämpfen vor Gubal Island im Roten Meer.

oder Bösewichte sah er sie als »Superhelden des Meeres«. Als er das Buch gelesen hatte, schwor er sich: »Ich werde der ganzen Welt die Geschichte von diesem unglaublichen Geschöpf erzählen und durch sein Linsenauge die Liebe zum Ozean fördern.« Dem damals in New York arbeitenden Studiomanager eines Top-Modefotografen (inzwischen betreibt er eine Brand-Management-Agentur) wurde klar, dass er in der Lage war, die Bekanntheit der Oktopusse zu steigern. 2015 gründete er den Online-Oktopus-Fanclub und die Aufklärungsorganisation OctoNation. Er nutzte die beachtlichen Ressourcen von »The Nation« und steuerte die »Oktoprofile« zu diesem Buch bei (Steckbriefe für verschiedene Oktopusarten, am Ende des Buchs).

Heute beschäftigt er sieben promovierte Oktopusexperten. OctoNation hat quer durch alle sozialen Plattformen eine Million Mitglieder. 2023 haben die Contents – wissenschaftliche Neuigkeiten, Fotos und Videos, ausführliche Hintergrundinformationen, Geschichten über Begegnungen von Menschen mit Oktopussen, virtuelle Besuche von Aquarien in aller Welt und Extraseiten für Kinder – eine halbe Milliarde Menschen erreicht.

Ein Grosser Blauer Krake, *(Octopus cyanea)*, schwimmt vor der Küste von Anilao, Philippinen.

»OKTOPUSSE SIND GERADE SEHR ANGESAGT«, stimmt Dr. Christine Huffard zu, Forscherin am Monterey Bay Aquarium Research Institute in Kalifornien. Und sie sollte es wissen. Sie beschäftigt sich seit 20 Jahren mit ihnen, doch einige ihrer Mentoren taten ihre wichtigen, frühen Beobachtungen zunächst ab, darunter die Entdeckung, dass manche Oktopusse auf zwei Körpergliedern aufrecht gehen. Sie erinnert sich an die bahnbrechende Arbeit eines Kollegen – er hatte von einer völlig neuen Art und unerwarteten sozialen Vereinbarungen von Oktopussen berichtet –, die jahrzehntelang nicht veröffentlicht wurde, da die Redakteure der Ansicht waren, »niemand sei an Oktopussen interessiert«.

Warren Carlyle erinnert sich an dieselbe traurige Situation in seiner Jugend. Von dem Augenblick an, als er zum ersten Mal einen Oktopus in einem Aquarium sah, war er »besessen«. Doch es gab weder Spielsachen noch Bücher über sie. Verzweifelt wollte er mehr erfahren, doch zu seiner Enttäuschung fand er nichts zu lesen. »Es gab Hunderte Bücher über Dinosaurier, dabei existieren die nicht einmal mehr! Wie kann es sein«, fragte er sich, »dass noch niemand einen Naturführer über mein Lieblingstier geschrieben hat?«

Als Carlyle mit OctoNation startete, stellte auch sein Bruder seine Vision infrage. »Er sagte: ›Vielleicht solltest du dir ein Tier aussuchen, das vom Aussterben bedroht ist‹«, erinnert er sich. »›Vielleicht sind Oktopusse zu speziell.‹«

Das war einmal. Die Dinge haben sich geändert.

Ich freute mich riesig, als Scott Dowd, der zum ersten Mal Athenas Tank für mich geöffnet hatte, mir zur Feier meines Buchs einen Oktopusbecher schenkte. »Wie hast du denn den bloß gefunden?«, wollte ich wissen. Er hatte lange danach gesucht.

Heute sind Oktopusse allgegenwärtig. Das Unicode-Konsortium kreierte 2015 einen Oktopus-Emoji. Die Aufkleber und Kuscheltiere, die man auf *OctoMerch.com* erwerben kann, sind so beliebt, dass die Einnahmen daraus einen Großteil der Arbeit des Klubs finanzieren. Die Kunst feiert Oktopusse: von einer sechs Meter großen lila Skulptur namens Ocho, die über einen Park in East Austin, Texas, wacht, über die aufblasbaren blauen Oktopusarme, die 2018 in einer Installation aus den Fenstern im Philadelphia Navy Yard hingen, bis zu dem 17 Meter großen Oktopus aus Edelstahl, der sich über dem Branson-Aquarium in Missouri erhebt.

Heutzutage können sich Kopffüßerfans rundum mit Saugnäpfen umgeben. Es gibt nicht nur viele Oktopusbecher und -T-Shirts, sondern auch Mützen, Schals, Ohrringe, Halsketten, Socken; Ringe für Finger, Nasen und Zehen; Tentakel für alles, von Händen bis High Heels. Online findet man seitenweise Oktopusdesigns für Mousepads, Handyhüllen und -ständer. Man kann sein Bad nach dem Cephalopoden-Motto dekorieren, mit Oktopus-Duschvorhängen, -handtüchern, -badematten, oktopusförmiger Seife und Oktopus-Klorollenhaltern. Man kann sein Haus mit Oktopus-Gegenständen einrichten: Kissen, Bettzeug, Spiegeln, Garderoben, Tischen, Stühlen, Lampen, Buchstützen, Kerzenhaltern, Tellern, Schüsseln, Tischdecken, Servietten, Serviettenhaltern, Besteck und Stielgläsern. (Das weiß ich, weil ich viele dieser Sachen in meinem Haus habe.)

Auf seinem oktopusförmigen Sofa (ja, es gibt mehrere Modelle) kann man aus seinem Bücherregal (verziert mit Oktopusdekor) eines von vielen neuen tollen Sachbüchern über Oktopusse nehmen. Es gab zwar ein paar gute Veröffentlichungen über Oktopusse, als ich für mein Buch recherchierte (etwa *Super Suckers: The Giant Pacific Octopus and Other Cephalopods of the Pacific Coast* von Jim Cosgrove und *Octopus: The Ocean's Intelligent Invertebrate* von

---

Die Arme eines Atlantischen Langarm-Oktopusses, *(Macrotritopus defilippi)*, können siebenmal so lang wie sein Körper werden.

Jennifer Mather), aber sie wurden von kleinen akademischen Verlagen veröffentlicht und waren schwer zu bekommen. 2016 jedoch erreichte ein Buch ein so großes Publikum, dass es ein Bestseller wurde: *Der Krake, das Meer und die tiefen Ursprünge des Bewusstseins* von Taucher-Philosoph Peter Godfrey-Smith. Er erforscht am Beispiel des Oktopus die uralten Ursprünge des Bewusstseins. Gleiches gilt für Dr. David Scheels 2023 erschienenes Buch *Many Things Under a Rock*, in dem der aus Alaska stammende Ökologe sich auf seine erstaunlichen Entdeckungen und Abenteuer mit Oktopussen bezieht.

Auch Romane haben ihren Weg auf die Bestsellerlisten gefunden: 2022 erschien *Das Glück hat acht Arme* von Shelby Van Pelt, das die Geschichte einer Freundschaft zwischen einer Witwe und einem Oktopus im Aquarium erzählt. Der Ökothriller *Der neunte Arm des Oktopus* des Drogeriemarktketten-Chefs Dirk Rossmann war 2021 über 18 Wochen auf der Bestsellerliste. Zu meiner Freude und Überraschung komme ich sogar im Buch vor – ich stelle Wladimir Putin im New-England-Aquarium einen Oktopus vor, um eine internationale Kooperation zum Klimawandel zu unterstützen! Und es gibt jetzt auch viele Kinderbücher mit Oktopussen (zwei habe ich geschrieben).

Nicht länger die Bösewichte im Film – heutzutage sind Oktopusse gefeierte Kinohelden. Hank der Oktopus verzaubert das Publikum, indem er die Farbe wechselt, Tinte spritzt und Intrigen schmiedet, um Menschen zu überlisten und Dorie, dem Doktorfisch, dabei zu helfen, ihre Familie wiederzufinden. Seine ansprechende Figur machte Disneys Film *Findet Dorie* 2016 zu einem der weltweit erfolgreichsten Filme aller Zeiten. Im PBS-Dokumentarfilm *Octopus: Making Contact* lädt Ökologe Scheel einen Oktopus namens Heidi ein, bei ihm zu wohnen. Die Erstausstrahlung sahen 1,9 Millionen Zuschauer. Eine Fortsetzung, in der eine schlafende Heidi zuckt und die Farbe wechselt – was für alle Welt aussah wie träumen – ging im Netz viral. Dann folgte 2020 der Blockbuster *Mein Lehrer, der Krake*, ein Dokumentarfilm auf Netflix über die jahrelange Freundschaft von Apnoetaucher Craig Foster mit einem wilden Oktopus im südafrikanischen Kelpwald. Er gewann einen Oskar. Und jetzt kommt die National-Geographic-Reihe *Secrets Of* mit *Secrets of the Octopus*, einer neuen Serie von SeaLight Pictures auf Disney+. Fast zwei Jahre lang wurde 1500 Stunden unter Wasser gedreht.

Wichtiger noch als die (zugegeben sehr willkommenen) Produkte zum Thema Oktopus und sicher ebenso bahnbrechend wie die neueren Einflüsse dieser Tierart auf die Kunst ist das, was aktuell in der Wissenschaft passiert. Ständig gibt es neue Forschungsergebnisse. Das erste Oktopusgenom (des Kalifornischen Zweipunkt-Kraken) wurde 2015 sequenziert. 2017 berichteten Forscher des Marine Biological Laboratory in Massachusetts und der Universität von Tel Aviv von der Entdeckung, dass Oktopusse und ihre Verwandten, Kalmare und Sepien, ihre eigene RNA verändern können, also den Botschafter, der die Anweisungen zur Proteinsynthese aus der DNA enthält. Sie können für ihr Nervensystem relevante Gene umkodieren – eine ungeheuer seltene Fähigkeit, die vielleicht mit ihrem ungewöhnlichen und gut entwickelten Gehirn zusammenhängt. 2022 berichteten Wissenschaftler der Universität von Chicago von der Entdeckung einer neuen neuronalen Struktur, mit der die Arme auf den gegenüberliegenden Seiten des Oktopus miteinander verbunden sind. »Wir gehen davon aus, dass das eine neue Form eines auf den Gliedmaßen basierenden Nervensystems ist«, berichtete der Leiter des Forschungsteams. Eine statistische Analyse von Artikeln in führenden wissenschaftlichen Publikationen weltweit bestätigt einen starken Anstieg von Studien über Oktopusse.

Ein Trio italienischer Forscher, die 2021 in der Zeitschrift *Animals* von ihrer Arbeit berichteten, legt dar, dass 1985 weniger als zehn Artikel pro Jahr zu Oktopussen veröffentlicht wurden. 2020, dem letzten Jahr, in dem diese Daten für die Studie erhoben wurden, gab es über 100 – ein zehnfacher Anstieg, der noch weiter geht. Sie betrachten das Jahr 2011 als Wendepunkt, der die

Folgende Seiten: Ein Glaskrake, *(Vitreledonella richardi)*, erforscht die Tiefen des Ozeans vor den Kapverden.

»frühere Periode« des geringen Interesses von der »aktuellen Periode« der Entdeckung trennt. Aktuell, so fanden sie heraus, ist zu verzeichnen, dass immer mehr Autoren aus aller Welt gemeinsam an Artikeln arbeiten.

Wieso stehen die Tiere auf einmal im Rampenlicht? Dr. Chelsea Bennice, eine Meeresökologin aus Florida, die sich auf das Verhalten von Oktopussen spezialisiert hat, bemerkt, dass ihre unglaublichen Fähigkeiten und Talente so vielen wissenschaftlichen Disziplinen Futter bieten. »Ich stelle mir den Oktopus gern als unseren wissenschaftlichen Berater vor«, sagt sie. »Indem wir sein Verhalten und seine Genetik untersuchen, erhalten wir Antworten auf Fragen zu Biodiversität und zum Zustand des Ozeans, zu nachhaltigem Fischfang, Evolution sowie Inspiration für Softrobotik und Neurowissenschaft – und ich als wissenschaftliche Forscherin, Dozentin und Sprecherin, wie ich mein Multitasking gut managen kann!« Ihre Community kennt sie als »Octo-girl«. Neben Vorlesungen, Laborarbeit und Feldrecherchen ist sie für OctoNation als wissenschaftliche Beraterin tätig.

Sie merkt auch an, dass mehr Schnorchler und Taucher denn je die Gelegenheit haben, Oktopussen in freier Wildbahn zu begegnen. Mittels Videotechnik können viele ihre Beobachtungen dokumentieren – und liefern Wissenschaftlern für ihre Forschung tolle Hinweise auf das Verhalten der Tiere. Bennice hat das Octopus Monitoring Gadget entwickelt – auch als OMG bekannt –, das es zum ersten Mal möglich macht, das Verhalten von Oktopussen im offenen Meer 24 Stunden nonstop aufzuzeichnen. Mit seinem wasserfesten Gehäuse, roten Licht (für Nachtaufnahmen, sie stören den Oktopus nicht) und langer Batterieleistung ermöglicht dieses Gerät viele neue Aufschlüsse. Kürzlich sah ich Material, das zeigt, wie ein Gewöhnlicher Krake *(Octopus vulgaris)* von der Größe eines Basketballes von einem tauchenden Kormoran angegriffen wurde. Der Meeresvogel mit seinem langen, scharfen Schnabel, der sehr markant hervortrat, schien im Vergleich zum weichen Oktopus so bedrohlich wie ein angreifender Mosasaurier. Ohne schützende Schale wie seine Weichtierverwandten wirkte er auf dramatische Weise verletzlich. Ich hätte vermutet, er würde zum Schutz in sein Versteck hinabtauchen oder abhauen oder sich verfärben, um unsichtbar zu werden. Erstaunlicherweise tat er, konfrontiert mit dem Raubtier aus der Luft, nichts von alledem. Stattdessen blieb der tapfere kleine Oktopus stehen, zielte direkt auf das Monster über sich und hob einen seiner beinah flüssigen Arme, um ihn zu schlagen. Wahnsinn!

Auf South Caicos in der Karibik verwendet der Kopffüßerökologe Dr. C. E. O'Brien das OMG, um frei lebende Oktopusse in wachem und schlafendem Zustand zu filmen. Damit baut er auf den faszinierenden Laborstudien der Neurowissenschaftlerin Dr. Sylvia Lima de Souza Medeiros auf, die davon ausgehen, dass Oktopusse wie Menschen träumen.

Auch für die Kameracrew von SeaLight Pictures war moderne Technologie entscheidend, als sie die Serie für *National Geographic* drehte. Sie konnte Kreislauftauchgeräte nutzen, die unverbrauchten Sauerstoff dem vom Taucher ausgeatmeten Kohlendioxid beimischen, wodurch das Team für mehr als vier Stunden unten bleiben konnte. Mit sechs verschiedenen Kamerasystemen am Boden für diese ausführlichen Tauchgänge konnten sie Verhaltensweisen einfangen, von denen nie zuvor berichtet worden war.

Solch detaillierte Nahaufnahmen und wissenschaftliche Untersuchungen gab es noch nicht, als ich Athena zum ersten Mal traf. Noch immer führen Forscher wichtige Arbeiten fort, die seit Jahrzehnten in Gang sind. Ihre fantasievollen Experimente, exakten Beobachtungen und umwerfenden Entdeckungen sind die Inspirationsquellen für die folgenden Seiten. Manchmal geben neue Studien Antworten auf Fragen, die ich hatte, als ich Athena, Octavia, Kali und Karma kennenlernte. Zum Beispiel: Wieso bemühten sich diese Oktopusse überhaupt, eine Beziehung zu mir aufzubauen? Was veranlasst sie, buchstäblich die Hand nach einem anderen Wesen auszustrecken – noch dazu einem, das sich so sehr von ihnen unterschied wie ich?

Als er *Secrets of the Octopus* drehte, stellte sich Regisseur und Kameramann Adam Geiger dieselbe Frage. »Was mich und das ganze Team bei den verschiedenen Arten der Oktopusse erstaunte«, sagte er, »war, dass man das Gefühl hatte, ein intelligentes Tier zu beobachten, das selbst entscheidet, ob es einen in seine Welt hineinlässt. Hat es einen einmal akzeptiert, lässt es einen

rein. Die meisten wilden Tiere würden einen ignorieren oder verschwinden. Aber der Oktopus erlaubt diesem großen, möglicherweise gefährlichen Tier – einem Taucher –, näherzukommen und streckt sogar den Arm aus, um ihn zu berühren. Es ist absolut bemerkenswert. Sie sind wirklich bezaubernd.«

Jahrzehntelang hielt man Oktopusse für legendäre Einzelgänger, die, abgesehen von der Paarung, sogar ihre eigene Spezies mieden. Mittlerweile geht man davon aus, dass die grundlegendsten Annahmen von Wissenschaftlern über das Leben von Oktopussen falsch sein könnten.

In manchen Fällen bestätigen moderne Erkenntnisse meine damalige Intuition. Trotz unserer völlig divergenten Evolutionsgeschichte, unserer grundverschiedenen Lebensarten, unserer völlig unterschiedlichen Körper hatte ich das starke Gefühl, dass die Gehirne meiner Oktopusfreunde überraschend ähnlich wie mein eigenes arbeiteten. Wir machten beide gern Puzzle. Wir lernten beide, verschiedene Werkzeuge zu benutzen. Wir erinnerten uns an frühere Ereignisse und lernten daraus. Die Beobachtungen und Studien von Forschern zu verschiedenen Aspekten der Intelligenz von Oktopussen fassen eindrucksvoll die intellektuellen Leistungen dieser großköpfigen Mollusken zusammen. In raffinierten Experimenten hat die Wildtierforscherin Dr. Alex Schnell gezeigt, dass das Gehirn der oktopusverwandten Echten Tintenfische in der Lage ist, sehr anspruchsvolle Aufgaben auszuführen – vergleichbar mit Schimpansen und Krähen.

Christine Huffard hat zweifellos Recht: Oktopusse sind total angesagt, und das vielleicht sogar länger als nur einen Moment. Vielleicht haben sie uns an einen Wendepunkt gebracht. Wie die Geschichten auf diesen Seiten zeigen, offenbaren Oktopusse der Wissenschaft einen völlig anderen Weg als unseren, der zu hoch entwickelter Intelligenz führt.

Der Karibische Riffkrake, *(Octopus briareus)*, kommt zur Futtersuche nachts heraus. Seine irisierende Haut wird ein schimmernder Fallschirm, der Beute fangen kann.

TEIL EINS

Meister der

Tarnung

WANDLUNGSKÜNSTLER DES MEERES

n den Untiefen der Karibik treibt ein unscheinbarer Klumpen bräunlichgrüner Algen leblos in der Strömung. Knapp über dem sandigen Boden gleitet ein Fisch vorbei, macht kehrt und schwimmt zurück. Die meisten Taucher und Schnorchler, die etwas Interessanteres sehen wollen – eine Meeresschildkröte, einen Hai, einen Schwarm grell neonfarbener Papageifische –, würden hier vorbeischwimmen ohne noch mal hinzuschauen.

Urplötzlich verändert sich das Bild. Ein Bereich des Algenklumpens schwillt an, wird heller und bläht sich auf; das fleckige Braun wird Weiß und die unebene Oberfläche ganz glatt. In weniger als zwei Sekunden wird die riesige runde Blase dreimal so groß. Große Augen, dramatisch schwarz eingerahmt, blicken aus der weißen Masse heraus, während sie sich noch weiter aufbläht. Wie in einer Fieberfantasie wird aus dem Klumpen ein Tier. Dieses Geschöpf kommt nicht hinter der Alge hervor: Es ist Teil der Alge, verwandelt. Ein antriebsloser Organismus wird zu einem schnellen, geschickten, geistesgegenwärtigen Wesen, das sich dank seiner fremdartigen Fähigkeiten von seinem früheren Dasein befreit, wie ein Geist, der einen Körper verlässt und hinter einer dunklen Tintenwolke davonflitzt.

So eine Meisterleistung erscheint unmöglich. Und das ist sie auch – nur nicht für einen Oktopus.

Ein Atlantischer Langarm-Oktopus steht auf seinen langen Gliedmaßen (bei Riviera Beach, Florida).

Vorhergehende Seiten: Ein Pazifischer Riesenkrake tarnt sich, um mit den umgebenden Seeigeln und dem Korallenriff zu verschmelzen.

Roger Hanlon, Wissenschaftler am Marine Biological Laboratory, erinnert sich, dass er, als er an diesem Tag nach seinem Tauchgang wieder nach oben kam, »wie verrückt herumschrie«. Sein Forschungsteam wusste, dass das Wasser nicht tief war, die See ruhig, und dass der charismatische Professor bei jahrzehntelanger Forschung Zehntausende Stunden mit Tauchgerät und Schnorchel sicher absolviert hatte. Aber seine Aufregung erschreckte sie fast zu Tode. »Sie dachten, ich hätte einen Tauchunfall«, erinnert er sich.

Stattdessen hatte Roger Hanlon eine Erleuchtung. Er hatte die meistuntersuchte der mehr als 300 Oktopusarten der Erde auf Video aufgenommen, die so weit verbreitet ist, dass ihr wissenschaftlicher Name *Octopus vulgaris* Gewöhnlicher Krake bedeutet. Und doch hatte er gerade etwas aufgezeichnet, das noch nie jemand gesehen hatte. Seither haben Hunderttausende Menschen sein Video gesehen. Und bis heute fragen auch in Hanlons Vorlesungen manche ihren Nachbarn: »Ist das echt?«

Ohne Knochen, giftig, und mit acht starken Armen voller Saugnäpfe ausgestattet (ein einzelner Saugnapf der größten Art, des Pazifischen Riesenkraken, kann 16 Kilogramm heben – und er hat 200 an jedem Arm), haben sie Fähigkeiten, die wie nicht von dieser Welt sind. Sie können mit ihrer Haut

Zwei Exemplare der *Octopus berrima* zeigen die für ihre Art charakteristische Fähigkeit, die Farbe zu wechseln.

schmecken. Sie können Tinte spritzen, sei es zur Vernebelung oder als Kleckse, sogenannte Truggestalten, die so appetitlich aussehen, dass Schildkröten schon hineingebissen haben. Sie können muskelzersetzende Säure und Nervengift absondern und die Weibchen Klebstoff, um Eierstränge an den Decken und Seiten ihrer Bauten zu befestigen.

Aber die sinnestäuschende Fähigkeit, Farbe und Form zu verändern, ist ihr Markenzeichen, ihre Superpower, die sie schneller anwenden können, als ein Mensch blinzelt.

Roger Hanlons Video gehört zur Flut faszinierender Beobachtungen und Entdeckungen über diese uralten, gestaltwandelnden Wirbellosen in jüngster Zeit. Entgegen seinem Namen sind die transformatorischen Talente des Gewöhnlichen Kraken alles andere als gewöhnlich, doch die des Großen Blauen Kraken, *(Octopus cyanea)*, sind noch ausgefeilter. Für Hanlon ist er der »König der Camouflage«. Er lebt in den Korallenriffen des Indopazifiks – einem der komplexesten Lebensräume der Erde, in dem es vor Texturen,

Farben und unzähligen scharfsichtigen Raubtieren nur so wimmelt. Hanlon errechnete anhand von Videoaufnahmen dieser Oktopusse aus Mikronesien und Französisch-Polynesien, dass sie bis zu 177-mal pro Stunde die Farbe wechseln und 50 verschiedene Körpermuster annehmen können. Und obwohl sie für einen Farbwechsel nur den Bruchteil einer Sekunde brauchen, können sie manche Farben und Muster auch länger als eine Stunde behalten. »Die Geschwindigkeit und Vielfalt« dieser Transformationen, sagt Roger Hanlon, sind »einmalig in der uns bekannten Tierwelt«.

Die Verwandlung betrifft nicht nur die Haut. In ihrem Bemühen, ihre Identität geheim zu halten, rollt eine andere Art wie eine zum Grund gesunkene Kokosnuss über den Meeresboden. Eine indopazifische Spezies wurde dabei gefilmt, wie sie sechs Arme hochhielt, während sie mit den anderen beiden über den Boden schritt – wie ein gestresster Pendler, der seine Aktentasche vergessen hat.

Natürlich wenden viele Tiere die Kunst der Tarnung an. Polarfüchse und Hermeline werden im Winter weiß wie Schnee; Insekten imitieren Blätter und Zweige; Chamäleons, die aufgeregt sind oder Angst haben, ändern ihre Farbe vom normalen einheitlichen Braun zu einem Kaleidoskop gemusterter Farben von Karminrot bis Türkis. Manche Geschöpfe verändern ihr Aussehen, um Fressfeinde zu erschrecken. Einige Motten zeigen Flecken auf ihren Unterflügeln, die wie Augen aussehen, und Säugetiere von Katzen bis zu Schimpansen stellen die Nackenhaare auf, um größer zu wirken.

Aber bei Oktopussen – und den Sepien und Kalmaren – zeigen sich die Veränderungen so variantenreich und überzeugend, dass es atemberaubend ist. Sie imitieren sogar das Wetter. Eine Darstellung mehrerer Oktopusarten ist die »vorüberziehende Wolke«. Ein Oktopus produziert dabei eine dunkle Welle auf seiner Haut, die langsam über seinen Körper gleitet, wie der Schatten einer über ihn hinwegziehenden Wolke. Man vermutet, dass er diese Illusion schafft, um ein Beutetier wie eine Krabbe zu veranlassen, sich zu bewegen, ohne dass er selbst durch eine Bewegung seinen Aufenthaltsort preisgeben muss. »Der Komplexitätsgrad [solcher Darstellungen] ist erstaunlich«, stellt Hanlon fest.

Ihre Verstellung ist sehr effizient und täuscht so unterschiedliche Tiere wie Robben, Wale, Vögel, Haie und Krabben – ebenso Wissenschaftler. Forscher finden oft heraus, dass Oktopusse, die sie seit Jahrzehnten untersucht haben, eigentlich völlig andere sind als gedacht – was aktuell zu unzähligen Berichten über neue Arten führt.

Dazu passt die Tatsache, dass der älteste bekannte fossile Vorfahre von Oktopussen und Kalmaren 30 Jahre lang unbeachtet in der Schublade eines kanadischen Museums lag. Erst 2021 wurde Forschern klar, dass ein Stück Kalkstein aus Montana ein zehnarmiges Wesen mit gut erhaltenen Saugnäpfen beinhaltete, das die bekannte Evolution der Oktopusse um 82 Millionen Jahre zurückschob. Sie nannten es *Syllipsimopodi* (»Klammerfuß«) *bideni* (zu Ehren des frisch vereidigten Präsidenten der USA). Es ist das einzige Exemplar seiner Art.

Wir wissen also, dass Oktopusse und ihresgleichen ihren Zauber mindestens 328 Millionen Jahre lang perfektioniert haben. Wie Muscheln, Austern und Schnecken sind sie Mollusken, Angehörige eines alten Stammes, der aus dem frühesten Kambrium hervorging, vor der Evolution der Trilobiten. Es entstand eine Gruppe Mollusken, die schwimmen konnte: die Cephalopoden (die Gliedmaßen sind eher am Kopf als – wie bei uns – am Torso angewachsen). Sie alle haben Arme oder Tentakel und blaues Blut und besitzen einen Trichter oder Strahl am Kopf, mit dem sie sich sehr schnell durchs Meer bewegen können. Die ersten Kopffüßer hatten Schalen, wie heute der Nautilus. Doch zu der Gruppe gehören auch die später entwickelten und schalenfreien Sepien, Kalmare und Oktopusse.

Die schalenlosen Mollusken mit Tentakeln sausten bereits 76 Millionen Jahre, bevor das Massenaussterben im Perm über 90 Prozent allen Lebens auf der Erde auslöschte, durch die Ozeane der Welt. Das ist 198 Millionen Jahre, bevor Pflanzen das Blühen lernten, und 262 Millionen Jahre bevor ein Asteroid die Dinosaurier auslöschte. In der relativ kurzen Zeit, seit wir uns in ihre Ozeane wagen, haben die Oktopusse sich vor unserer Nase verändert. Viele Taucher haben Hunderte oder gar Tausende Stunden unter Wasser verbracht und nie einen Oktopus gesehen. Oder zumindest behaupten sie das. Wahrscheinlich haben sie einen gesehen und wussten es nur nicht. Und aus Sicht der Oktopusse ist es genau das, worum es geht.

IM TRÜBEN, UFERNAHEN Gewässer des Indopazifiks liegt ausgestreckt ein 25 Zentimeter großer beigefarbener Oktopus, auf dem Sandboden unsichtbar, die dünnen, spinnenartigen Arme getarnt auf dem gleichfarbigen Untergrund. Plötzlich beginnt sein Mantel – in dem sich die meisten inneren Organe befinden – zu pulsieren wie ein schlagendes Herz (der Oktopus hat drei davon).

Dieser Mimik-Oktopus, *(Thaumoctopus mimicus)*, scheint die Form einer Flunder angenommen zu haben, um sich vor Fressfeinden zu tarnen.

Während die Kiemen sauerstoffreiches Wasser einatmen, heben sich riesige, wachsame Augen und drehen sich. Der Kopf, dünne »Hörner« (Strukturen, die sich aufrichten können, als Papillen bekannt) und der spindeldürre Körper erheben sich aus dem Sand. Die Haut hat breite dunkle und helle Streifen, wie eine alte Sträflingsuniform. Die noch immer auf dem Sand liegenden, deutlich erkennbaren Arme werden dicker, krümmen sich – und dann hebt er ab! Als Wasser durch seinen Trichter spritzt, schießt er durchs Meer und zieht dabei seine Arme wie Luftschlangen hinter sich her: Der Mimik-Oktopus, *(Thaumoctopus mimicus)*, ist unterwegs.

Obwohl er weit verbreitet ist – vom Roten Meer bis Neukaledonien, vom Golf von Thailand bis zu den Philippinen und runter zum Great Barrier Reef –, wussten Wissenschaftler bis vor Kurzem nichts von seiner Existenz. Erst 2005 wurde er ausführlich beschrieben. Warum? Einheimische kannten diese Kreatur. Aber Wissenschaftler und Laien fanden die Unterwasserlandschaften dort so uninteressant, es gab wenig zu sehen außer Schlamm und Sand, dass sie sich selten dort herumtrieben. Die wenigen Besucher bemerkten die Oktopusse kaum, denn meistens verstecken sie sich im Sand, nur die Augen schauen raus.

Doch man kann nicht für immer versteckt und unbewegt bleiben. Der Mimik-Oktopus muss losziehen, um Nahrung zu finden, kleine Krustentiere und Fische. Andere Oktopusarten schlüpfen in Felsspalten, um sich vor Fressfeinden zu verbergen. Sie tarnen sich, indem sie sich ihrer Umgebung anpassen. Oder sind nachts im Dunkeln unterwegs. Der Mimik-Oktopus jedoch vagabundiert über eine relative nichtssagende Umgebung weiter Sandflächen, und das am helllichten Tag. Statt sich also anzupassen, sticht er heraus.

Zehn Arten der Blaugeringelten Kraken, *(Hapalochlaena spp.)*, die man zwischen Japan und Südaustralien sowie zwischen den Philippinen und dem Inselstaat Vanuatu gefunden hat, verfolgen ebenfalls diese Strategie. Im Ruhezustand sehen sie mattgrau oder beige aus. Werden sie jedoch bedroht, leuchtet ihre Haut mit bis zu 60 neonblauen, schillernden Ringen auf, die sich schwarz eingerahmt auf der cremefarbenen oder gelben Haut gut abheben. Wie blinkende Blaulichter an einem Krankenwagen oder Polizeiauto pulsieren die Ringe, um Aufmerksamkeit zu erregen. Diese Oktopusse stellen ihre Waffe zur Schau. Dank symbiotischer Bakterien in ihren Speicheldrüsen verfügen sie über ein Nervengift, das 1000-mal tödlicher ist als Cyanid. Ihr Leben hängt davon ab, dass potenzielle Fressfeinde ihre Warnung, sich fernzuhalten, beherzigen.

Doch dem Mimik-Oktopus fehlt das starke Gift des Blaugeringelten Kraken. Wenn der seine breiten Streifen und kräftigen Farben zeigt, erzählt er eine überzeugende Lüge – auf die unterschiedlichen Ängste der Jäger zugeschnitten. So kann er sich mit verschiedenen Tarnungen fortbewegen. Er kann wellenförmig über den schlammigen Boden gleiten und seine Arme hinter sich herziehen – und dabei die Gestalt, Farbe, Bewegung und Geschwindigkeit eines giftigen Zebrias (einer Plattfischart aus der Familie der Seezungen) annehmen. Oder er mimt mit den Armen die Giftspitzen des Feuerfischs. Die Tarnungen scheinen zu funktionieren. Ehrfürchtig haben Forscher zugesehen, wie ein Mimik-Oktopus, dem sich ein Riffbarsch näherte – diese Art ist so aggressiv, dass sie sogar Barrakudas verjagt –, vor den Augen des Raubfisches die Form eines anderen Lebewesens annahm: Er versteckte sechs Arme im Sand und streckte nur zwei seiner sich schlängelnden gestreiften Arme aus. Der Riffbarsch floh, als sei er bedroht von einem seiner tödlichsten Feinde, einer breit gestreiften, giftigen Seeschlange, dem Nattern-Plattschwanz.

Ortsansässige Fischer und Taucher gaben den Hinweis, und so führte Meeresbiologe Mark Norman von der Universität Melbourne das australisch-englische Forscherteam an, das 1998 von der Entdeckung des Mimik-Oktopusses berichtete. Zunächst fand das Team die Spezies vor der Küste von Sulawesi. Norman hatte bereits von mehr als 100 neuen Oktopusarten berichtet. Aber eine solche Maskerade hatte er noch nie beobachtet.

»Als ich das zum ersten Mal sah, war ich echt erstaunt«, sagt er. »Es kann kein faszinierenderes Tier geben.« (2018 fand Norman dann eine weitere Art, einen ähnlich kolorierten und talentierten Täuscher mit ähnlicher Bandbreite, der rötlich-braune und weiße Streifen wie eine Zuckerstange hat und einen

Kopf, der oft wie ein Y aussieht. Norman erkannte das Potenzial dieser hübschen neuen Art, Unterwasserfotografen zu begeistern, und nannte sie *Wunderpus photogenicus.*

Mark Norman und seine Kollegen haben so viele dieser Tarnungen gesehen, dass sie nächtelang darüber diskutierten, welches Tier gerade nachgeahmt werden sollte. Bisher erkannten sie 15, darunter Anemonen, Quallen, Schlangensterne, Fangschreckenkrebse, Krokodilschlangenaale und Meeresschnecken. Es könnten aber auch noch mehr sein.

»Manchmal fällt die Interpretation schwer«, gibt Norman zu. Wenn er seinen Körper breit macht, Beine angewinkelt, Kopf oben, erkennen manche eine gute Imitation eines Einsiedlerkrebses. Andere sind sich da nicht so sicher. Doch er nimmt diese Pose nur einmal am Tag ein: am Nachmittag, wenn die Einsiedlerkrebse aktiv sind. Wenn er eine Flunder imitiert, macht er das so überzeugend, dass schon echte Flundern dabei beobachtet wurden, wie sie ihm folgten.

Alex Schnell, in Sydney ansässige Produzentin der *National-Geographic*-Serie *Secrets of the Octopus*, findet die Täuschungsmanöver äußerst spannend. Seit sie im Alter von fünf Jahren erstmals mit einem Oktopus in Kontakt kam (sie verbrachte ihre Kindheit, wie sie sagt, »Kopf nach unten, Po nach oben in einem Gezeitentümpel« am Strand unweit ihres Zuhauses in Sydney), haben diese weichen Wandlungskünstler sie fasziniert. Als wissenschaftliche Mitarbeiterin des Darwin College und des Labors für Vergleichende Wahrnehmung an der University of Cambridge beschäftigt sie sich vor allem mit Psychologie und tierischer Kommunikation.

»Das wirklich Interessante daran«, sagt Schnell, »ist: Sein Verhalten lässt darauf schließen, dass es durch höhere Wahrnehmung angetrieben oder kontrolliert wird – es ist kein Reflex wie das Erröten.« Es könnte sein, meint sie,

Folgende Seiten: Ein Gewöhnlicher Krake, *(Octopus vulgaris)*, kämpft mit einer Muräne. Sie versucht, sich aus den Fängen des Oktopusses herauszuwinden.

dass die Farben des Blaugeringelten Kraken unabsichtlich als Reaktion auf Bedrohung pulsieren, so wie eine Person rot wird, der etwas peinlich ist. Der Mimik-Oktopus jedoch scheint eine bewusste Entscheidung zu treffen – und zwar derart, dass er jeden Fressfeind, dem er begegnet, in Angst und Schrecken versetzt. »Wir haben es noch nicht getestet, aber es scheint, als würde der Oktopus die Perspektive seines Betrachters einnehmen«, sagt Schnell – und, ebenso wichtig, verstehen, dass das Gegenüber einen völlig anderen Blickwinkel haben könnte als er selbst. »Das«, stellt sie heraus, »ist unheimlich komplex!«

»Das Einnehmen einer Perspektive wird oft auf das menschliche Bewusstsein beschränkt«, fährt sie fort, »wurde aber auch bei Schimpansen und Krähenvögeln nachgewiesen. Es wird als Wesenszug sozialer Arten angesehen. Ein Oktopus jedoch gilt als Einzelgänger. Kann es diese Form sozialen Intellekts bei den einzeln lebenden Oktopussen geben?«

Heute enthüllen Forscher in Laboratorien und im offenen Meer, wie Oktopusse ihre Farbe, Textur, Form, Haltung und Bewegungen verändern, und das nicht nur, um mit ihrem Hintergrund eins zu werden. Oktopusse und ihresgleichen nutzen diese Superpower, um ihre Beute auszutricksen und mit anderen Oktopussen zu kommunizieren – und das vielleicht mit größerer Komplexität, Präzision und Genialität, als Forscher sich bisher vorzustellen wagten.

MAN KÖNNTE BEHAUPTEN, dass Oktopusse den schwierigsten Job im Ozean haben. Anders als Fische haben sie keine Knochen oder Gräten, um sich zu schützen. Anders als Hummer, Krabben, Muscheln und Seesterne umgibt sie kein festes äußeres Skelett. Und anders als beinahe alle ihre Weichtierfreunde haben sie keine Schale.

So werden sie zu einem leckeren Päckchen ungeschützter Proteine in einem Ozean voller hungriger Mäuler.

Jeder frisst Oktopusse. Wenn sie schlüpfen, haben sie die Größe eines Reiskorns, so klein, dass sie von Bartenwalen, Mantarochen und Walhaien als Zooplankton konsumiert werden können. Fische schlürfen sie im Ganzen herunter. Auch wenn sie größer werden, sind sie ringsum von Fressfeinden aller Art umgeben. Vögel – von Sturmvögeln bis zu Pinguinen – tauchen nach ihnen. Scharfzahnige Muränen gleiten in ihre Verstecke, um sie zu fressen. Wale, Delfine, Otter, Seelöwen und Seehunde reißen sie in Stücke. Nicht mal ein ausgewachsener Pazifischer Riesenkrake, der sechs Meter Durchmesser erreichen kann, ist vor Haien, Orcas und Pottwalen sicher. Die bis zu 36 Kilogramm schweren Lengdorsche haben 18 große, scharfe Zähne in ihren riesigen Mäulern und attackieren Oktopusse. Auch Menschen machen Jagd auf sie und erlegen etwa drei Tonnen pro Jahr. Manche werden als Nahrung zubereitet, andere – bei lebendigem Leib aufgeschnitten – als sich windende Köder verwendet, um andere Arten zu fangen. Und Oktopusse selbst fressen beunruhigend häufig Exemplare anderer Arten und kleinere ihrer eigenen Art.

Ein angreifbareres Wesen ist also kaum vorstellbar. Aber eben jene Angreifbarkeit hat ihre Wandlungskünstler-Superkräfte geformt. Ihr System ist »erstaunlich hoch entwickelt und wunderschön«, erzählt Roger Hanlon gern seinen Studenten. »Ein bisschen wie eine Verschmelzung von Kunst und Wissenschaft … sie haben ihr Problem gelöst, indem sie ihr Aussehen verändert haben.« Und als ihre evolutionären Vorfahren sich ihrer Schalen entledigten, entwickelten sie stattdessen das, was Hanlon »elektrische Haut« nennt.

Unter dem Mikroskop sieht ihre oberste Hautschicht aus wie die Palette eines Künstlers – allerdings eine, in der die Farbkleckse pulsieren, größer und kleiner werden, in einem Moment ganz intensiv und im nächsten ganz blaß leuchten. Jeder Farbklecks ist ein winziges Organ voller Pigmentzellen – schwarz, braun, orange, rot und gelb –, Chromatophor genannt. Cephalopoden haben Zehntausende oder sogar Millionen davon, wobei Oktopusse typischerweise mehr pro Quadratzentimeter haben als ihre nahen Verwandten, Kalmare und Echte

Tintenfische. Ein Gewöhnlicher Oktopus besitzt mehr als fünf Millionen Chromatophoren allein um jedes Auge. Damit kann er die umliegende Haut verbergen oder hervorheben, indem er ein Kaleidoskop an Mustern wie Ringe, Streifen und Sterneffekte erzeugt.

Andere Tiere – manche Fische, Frösche und Eidechsen beispielsweise – haben ebenfalls Chromatophoren. Aber nur die Kopffüßer können auch deren Form verändern. Jeder dieser Pigmentsäcke wird durch 18 bis 20 Muskeln gesteuert. Entspannen sie sich, wird die Farbe unsichtbar. Indem er einige Muskeln anspannt und andere locker lässt, kann der Oktopus nicht nur die Größe, sondern auch die Form jedes Chromatophors steuern und Scheiben, ovale Flecken oder sogar eckige Formen in verschiedenen Farben entstehen lassen. Und das schneller als ein Wimpernschlag.

Wie Kopffüßer ihre Farbauswahl steuern, fand man erst kürzlich heraus, zum großen Teil in Roger Hanlons Labor: Nerven generieren elektrische Impulse, die wiederum die Information übermitteln, welche den Chromatophoren den Befehl zum Öffnen und Schließen gibt. Greg Gage, Neurowissenschaftler an der University of Michigan Medical School, und seine Kollegen, Gründer der Firma Backyard Brains, die neurowissenschaftliche Kits für Studenten entwickelt, veranschaulichten in einer umwerfenden Demonstration, wie das funktioniert. Sie nutzten ihre Erfahrungen aus Hanlons Labor und erstellten ein Video, das die Chromatophoren eines Kopffüßers buchstäblich zum Schwingen brachte.

Mit einer Saugelektrode koppelten die Wissenschaftler einen iPod Nano an die Flossen eines toten Langarm-Kalmars und stimulierten so die Nerven elektrisch. »Ein iPod spielt Musik, indem er digitale Musik in kleine Stromeinheiten umwandelt und an kleine Magneten im Ohrstöpsel sendet«, erklärt

---

Ein Großer Blauer Krake, *(Octopus cyanea)*, versteckt sich im Riff vor der Küste Hawaiis.

Gage. In diesem Experiment ersetzten sie die Ohrstöpsel durch die Flossennerven.

Der Song, den sie wählten, um das Prinzip zu veranschaulichen, war eine mit Platin ausgezeichnete Single: *Insane in the Brain* der Gruppe Cypress Hill. Die Bassfrequenzen des Songs, die von den Elektroden übermittelt wurden, regten die Nerven an, die wiederum die Muskeln um die Chromatophoren veranlassten, sich zusammenzuziehen. Achtfach vergrößert sieht man braune, rote und gelbe Farben an dem toten Kalmar, die psychedelisch zu den Bassnoten des Hip-Hop-Hits pulsieren. Das Video ging viral. »Eine tolle Zusammenarbeit von Kapuzen und Meer«, schrieb ein YouTube-Zuschauer. Ein anderer Fan begeisterte sich: »Das ist das Tollste, das ich je gesehen habe.«

UNTER DEN CHROMATOPHOREN der Kopffüßer liegt etwas noch Geheimnisvolleres: eine schimmernde Schicht kristallhaltiger Zellen namens Iridophoren, scherzhaft »Regenbogenträger« genannt. Roger Hanlons Labor hat jahrelang daran gearbeitet, ihre Funktionsweise zu verstehen. Die Zellen selbst sind farblos, aber wie ein Regenbogen oder Seifenblasen reflektieren sie Licht in verschiedenen Wellenlängen und können schillerndes Blau, glitzerndes Grün und leuchtende Pink-, Silber- und Goldtöne erschaffen. In Kombination mit der Aktivität der Chromatophoren können die Iridophoren völlig neue Farben und Muster kreieren sowie Helligkeit und Kontrast verändern.

Doch wie werden sie gesteuert? Jahrzehntelang dachten Wissenschaftler, dass Nerven hierbei keine Rolle spielen und sie durch die Ausschüttung des Neurotransmitters Acetylcholin aktiviert würden, das bei Menschen unter anderem Herzschlag, Atmung und Verdauung steuert. Sie glaubten, dass die Chromatophoren sich vielleicht nur an- und entspannen, um die darunterliegende Schicht der Iridophoren zu enthüllen.

Nach 20 Jahren Recherchearbeit fanden Roger Hanlon und sein Team schließlich die Antwort. »Endlich haben wir den Beweis, dass es bestimmte Nervenfasern gibt, die Farbe und Helligkeit der Iridophoren aktivieren«, verkündete Hanlon, als die Abhandlung 2012 im Magazin *Biological Sciences* erschien. Sein Team entdeckte ein weitverzweigtes Nervennetz im Langarm-Kalmar und konnte damit zeigen, wie die Farbe jedes Iridophors ebenso wie die Geschwindigkeit des Farbwechsels vom Nervensystem aus gesteuert wird – wie die Chromatophoren. Und unterhalb der Iridophoren haben Oktopusse und Sepien noch eine Schicht aus spezialisierten Zellen, den Leucophoren. (Kalmare besitzen diese nicht.)

Sie kommen auch an anderer Stelle im Tierreich vor – das Fell des Eisbären ist zum Beispiel weiß, weil seine Leucophoren das gesamte Lichtspektrum streuen. Beim Kopffüßer ist die Leucophorenschicht die helle Fläche, auf der das Tier seine wandelbaren Hautbilder zeigt. Weil diese Zellen wie ein Spiegel Licht reflektieren, unterstützen sie darüber hinaus bei der Farbabstimmung. Diese Schicht wird anscheinend nicht durch Nerven und Muskeln gesteuert. Die Textur der Oktopushaut sowie Körperform und -haltung dagegen sicherlich schon – ebenfalls bemerkenswerte Tarntechniken.

Oktopusse und Sepien verändern die Textur ihrer Haut durch Stacheln, Papillen genannt, die sie aufstellen können wie ein Fisch eine Flosse. In Oktopussen können ungewöhnliche Gruppen spezialisierter Muskeln Hunderte von Papillen in Sekundenschnelle aufrichten – und durch einen extra dafür vorgesehenen Bewegungsnerv jede Papille bis zu eine Stunde lang aufgerichtet halten. Mit dieser Menge an Verwandlungstechniken kann ein Oktopus fast alles imitieren. Woher wissen Wissenschaftler dann überhaupt, welche Spezies sie gerade untersuchen?

Das ist nicht immer einfach.

Folgende Seiten: Ein Oktopus stößt eine Tintenwolke zur Verteidigung aus. Die Tinte kommt aus dem Trichter, aus dem das Tier auch Wasser spritzen und Abfallprodukte entsorgen kann.

TATIANA LEITE, AUFGEWACHSEN am Tropenstrand von Natal in Rio Norte, Brasilien, wusste schon als Kind, was ihr größter Wunsch war: Sie wollte ein Leben, das es ihr ermöglichte, »im Meer zu bleiben, von Tieren umgeben«, erklärt sie. Daher war sie sehr froh, als ihr Biologieprofessor sie als Studienanfängerin an der Universidade Federal do Rio Grande do Norte bat, Mollusken für die Vorlesung zu sammeln. Sie wollte sich auf Oktopusse konzentrieren – »viel lustiger als Muscheln«, sagt sie.

Im Masterstudium sammelte sie auf Hochseeinseln Oktopusse für einen Kurs. Sie sollte die häufigsten Oktopusse an den Riffs vor den Sankt-Peter-und-Sankt-Pauls-Felsen vermessen, den weit verbreiteten und gut bekannten *Octopus vulgaris*.

Zuerst waren die Tiere schwer zu finden. Sie versteckten und verwandelten sich, um so auszusehen wie Sand, und dann, wenn sie schwammen, wurden sie oft blaugrün und schimmerten wie das sonnendurchflutete Meer. »Ich gewöhnte mir an, nach dem Versteck zu suchen, nicht nach dem Tier«, erinnert sie sich – denn das wurde oft durch ordentliche Haufen von Muschel- und Krabbenschalen preisgegeben, aufgestapelt wie leere Teller nach einem Essen vom Zimmerservice in einem Hotel. Oft befand sich ein Oktopus darin.

Sie machte ihre Arbeit zwar sehr gut, aber gleichzeitig brach sie ihr das Herz: Um sie im Labor zu vermessen, musste sie die Tiere töten, und das hasste sie. Und nachdem sie sie vermessen hatte, war klar, dass etwas nicht stimmte. Ihre Messungen passten nicht zum Gewöhnlichen Kraken.

»Mein Professor sagte: ›Sie machen alles falsch‹«, erinnert sich Tatiana.

Er schlug vor, dass sie ihre Methode ändern und die Oktopuskadaver 24 Stunden tiefkühlen und dann in Formalin einlegen sollte, bevor sie sie vermaß. Aber das änderte nichts an den Ergebnissen. Ihre Tiere waren immer gedrungener und muskulöser als die Art, die sie eigentlich untersuchen sollte. Sie

Ein Sydney-Oktopus, *(Octopus tetricus)*, jagt in den Schwämmen am Hafen von Sydney, Australien.

hatten dickere, kürzere Arme im Verhältnis zum Mantel und Kopf. Ihre Münder waren kürzer und hatten einen stärkeren Winkel als die des *Octopus vulgaris*.

In zwei Jahren vermaß Leite mehr als 60 Exemplare, dann hatte sie genug davon, Oktopusse für die Wissenschaft zu töten. »Ich konnte so nicht weitermachen«, sagt sie heute. »Ich musste neue Rahmenbedingungen finden, um sie zu klassifizieren ohne sie zu töten. Eine neue Methode der Taxonomie betreiben, bei der wir lebendige Tiere untersuchen.« Sie ging nach Spanien, wo sie Gewöhnliche Kraken beobachtete, die in einem Aquarium lebten. Aber sie fand dort nicht das Wesen vor, das sie in Brasilien untersucht hatte. »Als ich das Tier sah, dachte ich: ›Wie können die Leute den Unterschied nicht bemerken? Das sind *nicht* dieselben Tiere!‹«

Zuerst fielen ihr die unterschiedlichen Farben auf. Das schimmernde Blaugrün, das sie oft an Oktopussen in Brasilien gesehen hatte, zeigte die Art im spanischen Aquarium so gut wie nie. Außerdem jagt der Gewöhnliche Krake eher nachts, wobei er sich beim Schwimmen zur Tarnung rot und dunkel färbt. Aber die brasilianischen Oktopusse, die ihr so vertraut waren, waren tagsüber am aktivsten.

Eine Genanalyse bestätigte ihre Vermutung. Tatiana Leite hatte eine neue Art entdeckt, die mittlerweile als *Octopus insularis* bekannt ist. Er war die ganze Zeit dagewesen und nur fälschlich als Gewöhnlicher Krake identifiziert worden. Nach ihren Untersuchungen ist er die vorherrschende Oktopusart Nordwestbrasiliens. Und wie der Gewöhnliche Krake könnte auch der *Octopus insularis* weit verbreitet sein. Auch auf den Bermudas wurden Exemplare gefunden. Man vermutet inzwischen, dass die Art sogar in Afrika beheimatet ist.

Videoaufnahmen und Fotos zeigen Farb- und Musterkombinationen des *Octopus insularis*. Er kann die Flächen zwischen den Saugnäpfen in ein einheitlich gesprenkeltes, rötliches Braun färben. Um Fressfeinde zu erschrecken, produzieren Exemplare vieler Arten einen meist dunklen Ring um ihre Augen, damit sie viel größer wirken. Der *Octopus insularis* jedoch umgibt seine Augen mit einem großen weißen oder manchmal blaugrünen Kreis. Leite berichtet, dass das von Roger Hanlon gefilmte Tier, das sich aus einem Algenklumpen verwandelte, kein Gewöhnlicher Krake war, sondern der neu benannte *Octopus insularis*.

Tatiana Leite ist auch der Ansicht, dass jede Art viele einzigartige Farbdisplays zeigen kann. Der Große Blaue Krake, *(Octopus cyanea)*, kann an der Unterseite jedes dritten Arms einen Fleck, *(Ocellus)*, produzieren, der an ein Auge erinnert; und eine neu entdeckte Spezies eines Riesenoktopus, die zuvor fälschlich für einen Pazifischen Riesenkraken gehalten worden war, wurde dadurch identifiziert, dass man eine zusätzliche Zeichnung auf der aufgerichteten Papille über den Augen feststellte.

Mit Studenten und Kollegen entwickelt Leite einen Schlüssel, mit dem Oktopusarten identifiziert werden können – ohne dass die Tiere getötet werden müssen. »Die Farben und Kombinationen helfen uns bei der Unterscheidung«, sagt sie. Sie und ihre Kollegen wenden die Methode bereits sehr erfolgreich an. Seit ihrer Entdeckung des *Octopus insularis* hat sie weitere neue Arten beschrieben, darunter 2021 den 14 Gramm leichten Zwergoktopus, *(Paroctopus cthulu)*, mit fünf verschiedenen Mustern. Sie arbeitet derzeit an der Beschreibung fünf neuer Kopffüßerarten. Es könnte Dutzende oder sogar Hunderte noch unentdeckter oder fälschlich für bereits bekannt gehaltene Arten geben. Ironischerweise könnte es sein, dass die Tiere uns durch ihre komplexen Tarnungen ihre wahren Identitäten enthüllen. Und die lebendige Leinwand ihrer elektrischen Haut vermittelt uns essenzielle Informationen darüber, wie sie in ihrem Habitat leben.

DAS VIDEO LÄSST ZUSCHAUER NOCH IMMER nach Luft schnappen, dann lachen: Ein Kokosnuss-Oktopus, *(Amphioctopus marginatus)*, seine Haut ist rot, orange, braun und gelb gefleckt, rollt Kopf und Mantel zu einem Ball zusammen, schlingt sechs seiner Arme um sich und schreitet mit seinen beiden anderen Armen über den kiesigen Meeresboden. Die Geschwindigkeit, mit der er läuft, lässt an die Ouvertüre von Rossinis *Wilhelm Tell* denken. Die Arme knicken genau da ab, wo man Gelenke erwarten würde, und die vorderen Spitzen der gehenden Gliedmaßen erinnern an zu große Schuhe. Es sieht aus wie die Karikatur eines Oktopus, der sich für sehr wichtig hält, eine dickbauchige Person in Eile. Christine Huffard, Forscherin am Monterey Bay Aquarium Research Institute, erzählt, ein paar Betrachter ihres Videos hätten danach assoziiert, dass »die Tiere jetzt die Weltherrschaft übernehmen«.

Das erste Mal sah sie dieses merkwürdige Verhalten im Jahr 2000 während des Studiums. Sie assistierte einem Dokumentarfilmteam und stellte ihren

FOLGENDE SEITEN: Die meisten Oktopusse jagen nachts, aber der Gewöhnliche Krake nutzt seine Fähigkeit, zur Tarnung die Farbe zu wechseln, und jagt tagsüber bei Sonnenlicht.

wissenschaftlichen Input zur Verfügung, als sie Material für einen Filmabschnitt über Oktopusse vor der indonesischen Küste von Sulawesi filmte. Der (inzwischen verstorbene) Filmemacher Bob Cranston fing Bilder des apfelgroßen, kurzarmigen Kokosnuss-Oktopus ein, wie er über den Boden schritt. »Es war zum Schreien komisch«, erinnert sie sich. Sie musste so lachen, dass ihre Tauchermaske voll Wasser lief.

Drei Jahre später wurde sie Zeugin derselben Gangart auf zwei Beinen – bei einer anderen Art, 2575 Kilometer entfernt. Sie besuchte ihren Doktorvater Roy Caldwell auf Lizard Island im australischen Great Barrier Reef. Jahrelang hatte sie den winzigen Algen-Oktopus *(Abdopus aculeatus)* studiert. Sein Name rührt von seiner Fähigkeit her, seine Papillen zu einem krausen Gewirr zu formen, das wie eine Alge aussieht. Sie hatte ihre Forschungsarbeit in Indonesien vorgenommen und konnte das Thema ihrer Arbeit nun an einem anderen Ort beobachten.

Am Riff hatte sie einen Algen-Oktopus gefangen und bewahrte ihn in einem großen Tank in Caldwells Labor auf. Was sie dort sah, war noch bizarrer als der laufende Kokosnuss-Oktopus – falls das überhaupt möglich war. Statt seine Arme um seinen Körper zu schlingen, hielt der neu gefangene Algen-Oktopus seine beiden wuschelig aussehenden Vorderarme hoch, während er zwei andere Armpaare spreizte, deren Enden alle in unbändigen Schnörkeln abstanden. Gleichzeitig, was noch seltsamer war, wuselten seine Hinterarme wie Beine über den Boden des Tanks. Im offenen Meer hätte das wie ein abgebrochenes Teil einer Alge ausgesehen, das über den Boden purzelte.

»Ich hatte schon Tausende Stunden im Wasser damit verbracht, dieses Tier zu studieren«, sagt sie, »aber das hatte ich noch nie gesehen.«

Sie war so fasziniert, dass sie es filmte, um es Kollegen zu zeigen. »Ich fand das so cool«, erzählt sie, »und wollte wissen, ob noch etwas anderes unter Wasser auf zwei Beinen läuft.« Aber niemand in der Forschungsstation kannte andere Beispiele. Und niemand fand das besonders spannend. »Deshalb«, sagt Huffard, »habe ich es nicht weiter verfolgt.«

Aber eines Tages arbeitete sie an einem Artikel über die verschiedenen Körperhaltungen von Oktopussen. Sie fügte eine Zeichnung des laufenden Kokosnuss-Oktopus ein und zeigte diese ihrer Kollegin Sheila Patek, damals Postdoktorandin in Huffards Labor. Patek stellte die Bedeutung dieser Entdeckung heraus. »Oktopusse«, erkannte Christine Huffard, »sind die einzigen Tiere ohne festes Skelett, die in der Lage sind, aufrecht zu gehen.«

Als Huffard den Film von Bob Cranston Robert Full zeigte, einem Professor für Integrative Biologie an der University of California, sagte er ihr, das habe ihn »umgehauen«. Sie arbeiteten zusammen an einer Analyse und ihr Artikel über den gehenden Oktopus wurde in der Zeitschrift *Science* veröffentlicht.

Diese Fortbewegungsart ist an sich natürlich nicht so ungewöhnlich. Wir sind nicht die einzigen Geschöpfe, die auf zwei Beinen laufen. Affen tun das gelegentlich, ebenso Kängurus, manche Eidechsen, Nager und Vögel. Selbst Kakerlaken erheben sich auf zwei Beine, wenn die Situation es erfordert. (Wenn sie sehr schnell rennen – ansonsten kommen ihnen ihre vier anderen Beine in die Quere.) Doch das Gehen auf zwei Beinen erfordert Bewegungen, von denen man annahm, dass sie kein wirbelloses Lebewesen ausführen kann. Dafür, dachte man, sei ein Skelett unabdingbar: entweder ein inneres wie das unsere oder ein äußeres wie das, das die Körper von Insekten und Krabben umgibt.

Eine genaue Untersuchung gehender Oktopusse zeigt, dass sie uns auch hier wieder auf den Arm nehmen. Als sie sich ihre Videos ansah, bemerkte Christine Huffard, dass Oktopusse nicht so laufen wie Menschen: Sie benutzen die Außenseiten ihrer beiden Hinterarme, um abwechselnd einen Saugnapfrand nach dem anderen abzulegen und über den Boden zu rollen – wie ein Förderband oder die Laufrollen eines Panzers. Und sie bewegen sich nicht vorwärts wie ein gehender Mensch, sondern tatsächlich *rückwärts*.

Oktopusse kommen auf diese Weise in beeindruckendem Tempo voran. Huffard hat die Zeit eines Kokosnuss-Oktopusses gestoppt, der 14 Zentimeter pro Sekunde zurücklegte – nicht schlecht für ein Tier, dessen Kopf die Größe einer Walnuss hat und das nur 15 Zentimeter groß ist. Das sind 0,5 Stundenkilometer – schneller als ihre normale Fortbewegungsart, die oft Kriechen genannt wird und an der mehr Gliedmaßen beteiligt sind. Natürlich können sie viel schneller durchs Meer flitzen, wenn sie ihren Rückstoßantrieb verwenden – aber diese Bewegung würde sie verraten. Sie würden nicht mehr einer rollenden Kokosnuss oder einem Haufen umhertreibender Algen ähneln. »Das Gehen auf zwei Gliedmaßen«, erklärt Christine Huffard, »ermöglicht Oktopussen, sich schneller fortzubewegen, ohne dabei ihre wichtigste Verteidigungsart aufzugeben«: ihre Tarnung. Und es könnte unter Oktopusarten weiter verbreitet sein als bisher angenommen.

Wie gelingt ihnen dieser ungewöhnliche Gang? »Anstatt sich zur Unterstützung auf Knochen zu verlassen«, erklärt sie, »verlassen sie sich auf Muskeln.« Aber ihre Muskeln sind eher wie unsere Zunge: nicht von Knochen gestützt, sondern von einer darin enthaltenen Flüssigkeit. »Oktopusse haben Muskelstränge, die längs, rund und in Spiralen angeordnet sind«, stellt Huffard fest. »Indem sie alle gegeneinander pressen, können gegenüberliegende Muskeln ein Pseudogelenk bilden.«

Robert Full prophezeite, dass Huffards Erkenntnisse »die bisherigen Grenzen der Ingenieurwissenschaften überwinden« und die Erschaffung von Robotern mit flexiblen Körpern anregen würden. Roboter aus biegsamen, elastischen Materialien könnten in Situationen genutzt werden, wo starre Maschinen scheitern, also unter Wasser, im Weltraum und im Inneren des menschlichen Körpers. Und tatsächlich wurden vier Jahre nach Erscheinen von Huffards Artikel in einem in Italien initiierten Projekt Softroboter nach dem Vorbild von Oktopussen entwickelt. Heute können Prototypen ihre Formen und Größen verändern, sich geschickt drehen, strecken und feinfühlig greifen. Obwohl das Wissenschaftsfeld noch in den Anfängen steckt, wird errechnet, dass 2027 der Markt für Softroboter 3,14 Milliarden Dollar wert sein wird.

Aber passt der Oktopus seine Gangart, Farbe und Form wie ein Roboter an, ohne zu denken? Chrissie Huffard, die jetzt weltweit als Expertin des Algen-Oktopus gilt und ein halbes Dutzend neuer Oktopusarten entdeckt hat, weiß es nicht. Viele Bewegungen könnten rein instinktiv sein. Baby-Oktopusse benutzen ihre Chromatophoren bereits beim Schlüpfen. »Es gibt viel, was sie schon als Junge können«, stellt sie fest.

Und dann gibt es noch das Erröten. Darüber weiß Chrissie Huffard einiges, denn sie wird selbst häufig rot. Eine völlig unwillkürliche Reaktion, doch sie öffnet ein Fenster zu einem komplexen emotionalen Zustand, da sie bei einem intelligenten Wesen auftritt. Könnte das bei Oktopussen auch so sein?

IN JERVIS BAY vor der Südküste von New South Wales, Australien, taucht eine dunkler werdende Form aus einem Bett von Muschelschalen auf. Wie ein im Wasser treibender Seidenschal gleitet ein Sydney-Oktopus, *(Octopus tetricus)*, aus seinem Versteck.

Mit Gewichten verankerte Unterwasserkameras nehmen alles auf. Der Oktopus ist erschienen, um einem anderen, kleineren, zu begegnen, der auf ihn zu kriecht. Der erste Oktopus ist aufgerichtet – sein Mantel aufgestellt und fest, die Arme auf den Spitzen – und seine Haut verdunkelt sich unheilvoll. Er ist groß, einschüchternd, dem kleineren Oktopus nicht freundlich gesinnt und sieht dem Helm von Darth Vader erstaunlich ähnlich. Als die beiden Tiere aufeinander zu stürmen, spannt der große Oktopus das Gewebe zwischen seinen Armen wie ein Netz über den Ankömmling. Der kleinere Oktopus wehrt sich, schrumpft und kann sich befreien. Blitzschnell verschwindet er und schießt, weiß wie ein Geist, davon.

Hin und wieder wirkt das Verhalten der Kopffüßer dem unseren unheimlich ähnlich, auch wenn sie dabei ihre fremdartigste Superpower zeigen. Es scheint, als wäre auch ihr soziales Feingefühl größer als unseres. Eine Reihe von Oktopusarten und anderen Cephalopoden kann auf einer Körperseite einem möglichen Fressfeind eine bedrohliche Farbe zeigen, während sie auf der anderen Seite einem möglichen Fortpflanzungspartner mit einer versöhnlichen Nuance den Hof macht. Roger Hanlon zeigt in seiner Vorlesung gern das Video eines männlichen Echten Tintenfisches, der diese widersprüchlichen doppelten

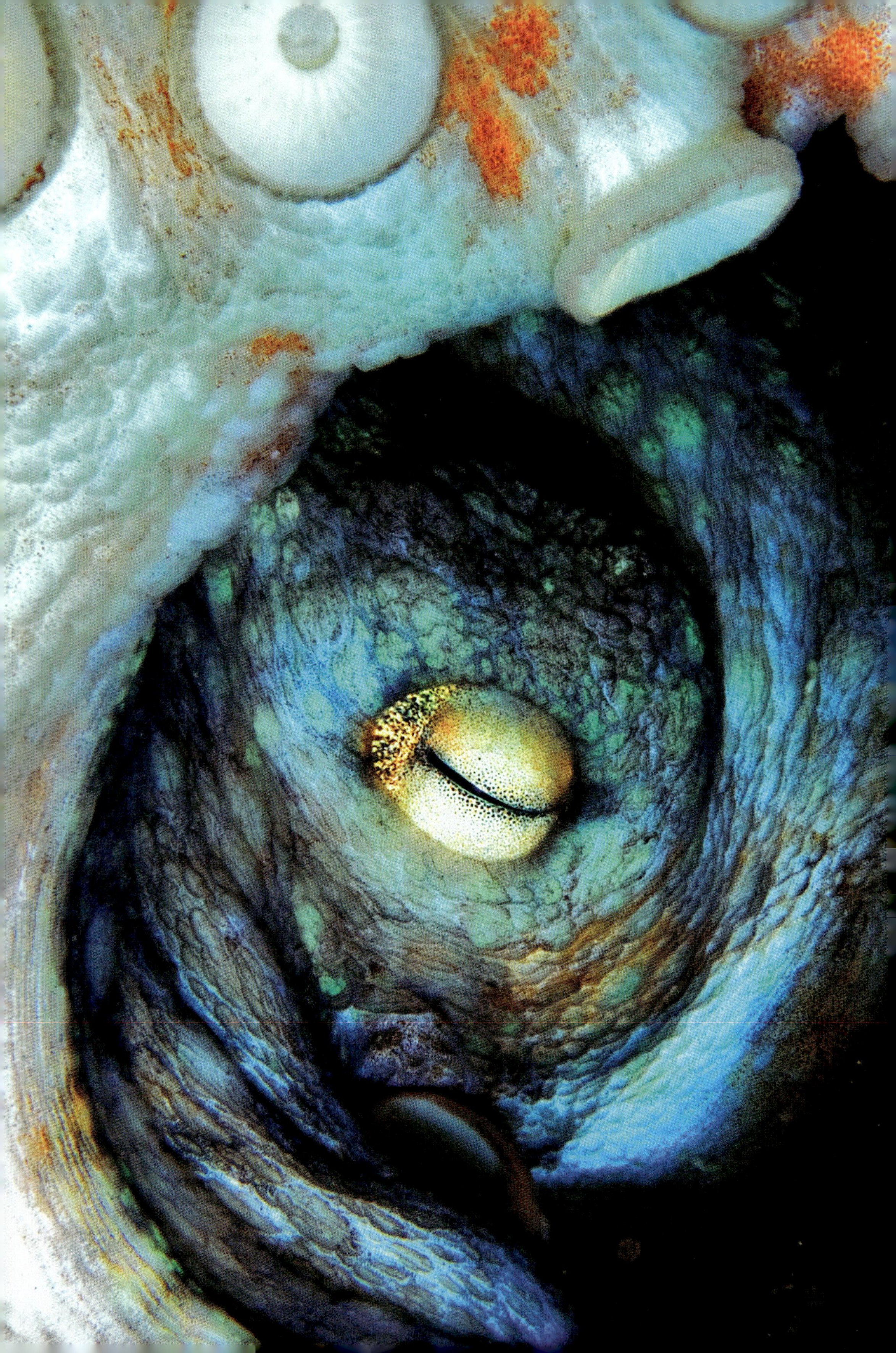

Signale anwendet. »Ich würde behaupten«, sagt Hanlon, »dass dynamische Tarnung eine Form von Intelligenz ist.« In seinen Vorlesungen setzt er den Begriff »Intelligenz« aber manchmal in Anführungszeichen. Das Wissen von Oktopussen ist in vielerlei Hinsicht erstaunlich anders als unseres und entstand unter völlig anderen evolutionären Voraussetzungen.

Ihre Augen sehen denen des Menschen sehr ähnlich. Aber sie sitzen da, wo wir die Ohren haben, haben eine geringe Tiefenwahrnehmung und sehen für uns unsichtbares polarisiertes Licht. Sie können nachts und in großen Meerestiefen sehen. Und, unglaublich bei Tieren, die die Farben ihrer Umgebung so perfekt nachahmen können: Sie sind farbenblind.

Die lichtsensiblen Zellen ihrer Netzhaut enthalten nur ein Pigment, unsere hingegen drei, die von Hunden zwei. Forscher vermuten, dass Oktopusse völlig andere Systeme als wir nutzen, um die Farben ihrer Umgebung wahrzunehmen und sich darauf abzustimmen. Ihre elektrische Haut, die Chromatophoren und die Nerven, mit denen sie die Papillen aufrichten, enthalten Proteine, die man sonst in Augen findet. 2015 berichteten Evolutionsbiologen der University of California in Santa Barbara, dass die Haut lichtempfindlich ist und Veränderungen der Helligkeit erkennt. Anders ausgedrückt: Oktopusse können Licht vermutlich fühlen – oder mit ihrer Haut sehen.

Forscher aus so unterschiedlichen Bereichen wie Psychologie, Verhaltensforschung und Meeresökologie beschäftigen sich inzwischen mit Fragen, die Wissenschaftler nie zuvor zu stellen wagten: Empfinden Oktopusse Gefühle so wie wir? Woran erinnern sie sich? Wie lernen sie? Können sie sich die Zukunft vorstellen? Wie fühlt es sich an, ein Oktopus zu sein? Etwas haben Oktopusse gezeigt: Um Antworten auf diese und andere Fragen zu finden, muss man, wie Alex Schnell herausgefunden hat, »unkonventionell und jenseits bisheriger Grenzen denken«.

Wissenschaftler vermuten, dass die flache Pupille des Gewöhnlichen Kraken Farbabweichungen erzeugt, die die Dinge für menschliche Augen verschwimmen lassen, aber dem Oktopus scheinbar dabei helfen, sich in seiner Welt zurechtzufinden.

TEIL ZWEI

Gelatinöse

Genies

ACHT ARME, NEUN GEHIRNE

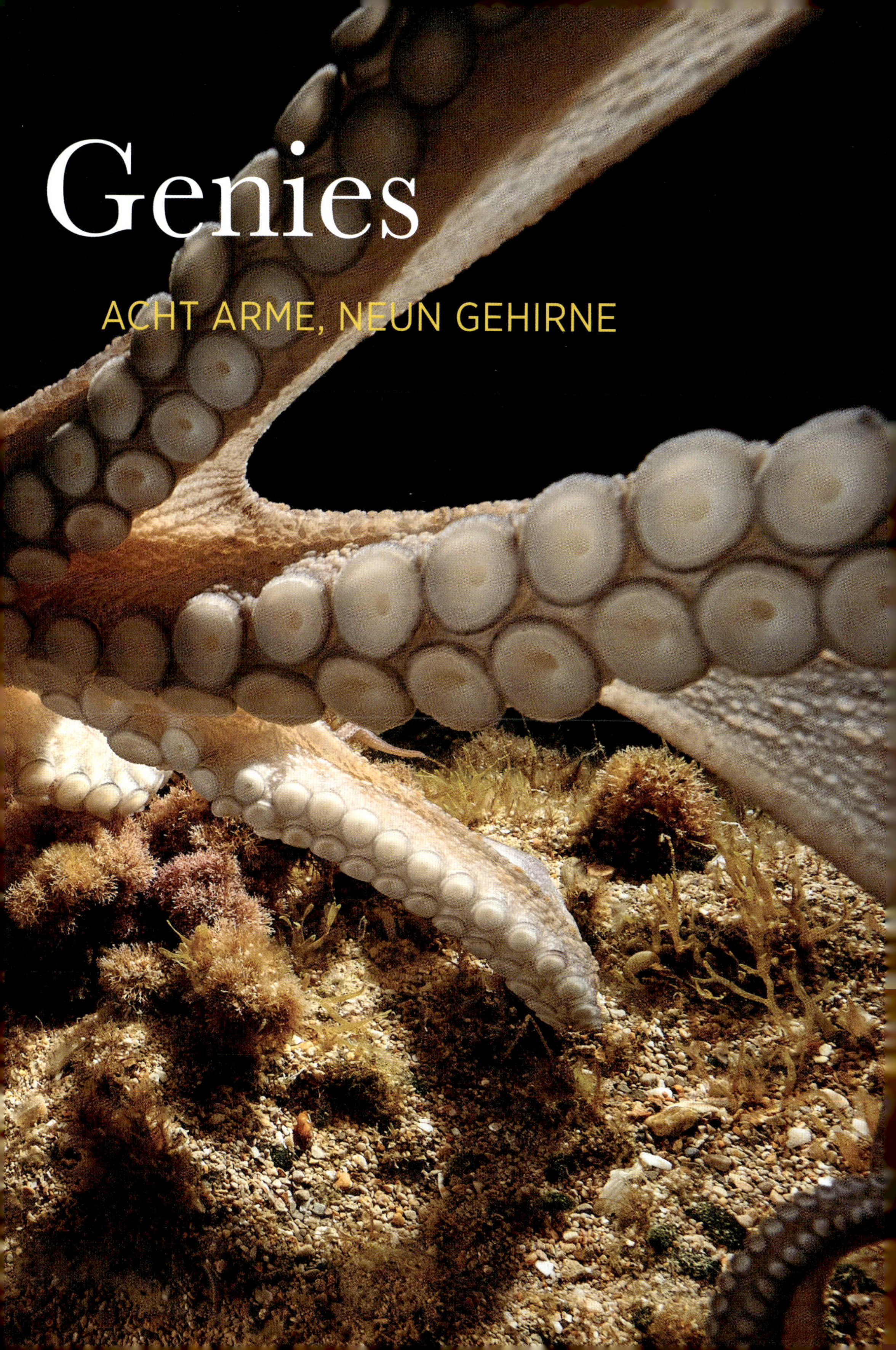

Als sie an diesem Morgen das Labor betrat, wurde Alex Schnell sofort mit einem Notfall konfrontiert.

Auf dem Boden vor ihr lag ein fußlanger Oktopus. Sie studierte die Kopffüßer noch nicht lange, aber ihr war klar, dass das kein guter Platz für einen Oktopus war. Sie atmen Wasser, keine Luft. Ihre Haut vertrocknet. Ein kleiner Oktopus überlebt normalerweise nur 20 oder 30 Minuten an Land. Ein glitschiges, schleimiges Geschöpf hochzuheben, das acht starke Arme hat und sich bekanntermaßen nicht gern festhalten lässt, ist wirklich nicht leicht. Alex Schnell erinnert sich noch, wie beeindruckt sie von der Wendigkeit des Tiers war, obwohl es nicht im Wasser lag. Sie schnappte sich einen Plastikeimer, hob das Tier am Mantel sanft vom Boden auf, legte es hinein und füllte ihn mit Wasser aus dem nächsten Salzwasserschlauch.

Aber wie war es herausgekommen? Alle 20 Sydney-Oktopusse, *(Octopus tetricus)*, in ihrem Labor waren in robusten, mit Ziegeln beschwerten Tauchcontainern aus Kunststoff untergebracht. Den Eimer mit dem Ausbrecher in der Hand untersuchte sie den leeren Tank. Der Deckel war fest verschlossen. »Ich konnte es nicht fassen«, sagt sie. Ein Kabelbinder am Abflussrohr hatte sich gelöst. Der Oktopus hatte sich durch eine kirschgroße Öffnung gequetscht. Auch nachdem er die Freiheit gefunden hatte, kundschaftete er noch seine Umgebung aus – selbst im Eimer hörte er nicht damit auf. Der Oktopus »streckte zaghaft einen Arm aus, um meine Finger zu berühren, als ich den

---

Ein Oktopus genießt das seichte Gewässer des Indischen Ozeans.

Vorhergehende Seiten: Dieser Gewöhnliche Krake, den der Fotograf Angelica Evangelista nannte, zeigte ein besonderes Interesse für die Kameraaustattung.

Eimer trug und seinen Container untersuchte«, sagt Schnell. Von da an wurde er Houdini genannt, nach dem amerikanischen Entfesselungs- und Zauberkünstler.

Es war nur ein weiterer Tag in Alex Schnells Studie, die sich mit der nachgewiesenen Fähigkeit von Oktopussen befasste, durch Beobachtung zu lernen. Doch die Tiere überlisteten die Forscherin immer wieder.

Jim Cosgrove, pensionierter Forscher des Royal British Columbia Museum und Fachmann für den Pazifischen Riesenkraken, sagte: »Diese Tiere sind so klug, dass ich meinen Studenten immer gesagt habe: ›Wenn ihr euren Master macht, macht der Oktopus gerade seinen Doktor‹.«

Am Oktopuslabor des Middlebury College in Vermont hatte Frances Warburton, Studentin der Veterinärmedizin, ähnliche Probleme. Sie und ihre Kommilitonen arbeiteten mit 30 Oktopussen zweier verschiedener Arten, dem Kalifornischen Zweipunkt-Kraken, *(Octopus bimaculoides)*, und dem Atlantischen Zwergkraken, *(Octopus joubini)*. Sie wollte grade einen aus seinem Tank holen, als er auf den Boden hüpfte. Sie musste den Oktopus verfolgen, der (»wie eine Katze!«) durch den Raum flitzte.

Die Studenten hatten die Tankdeckel mit Gewichten beschwert, um sie fest zu verschließen. Doch die Oktopusse entkamen dennoch. Sie entwichen mit ihren gallertartigen Körpern durch die kleinsten Öffnungen. Auch in einem 1500-Liter-Tank mit durch Plexiglaswände abgetrennten Einzelabteilen konnten die Oktopusse durch nahezu unsichtbare Ritzen in die angrenzenden Abteile schlüpfen – und sich dann gegenseitig auffressen. Wenn Warburton einen Oktopus in ein Labyrinth setzte, zwängte sich das Tier in 50 Prozent der Fälle in eine Ecke und versteckte sich, statt es auszukundschaften. So war es auch, als Frances Warburton vor ihren Professoren und Betreuern ihre Doktorarbeit vorstellte. Aber davor spritzte der Oktopus noch einen Strahl eiskalten Salzwassers aus seiner Öffnung auf dic Doktorandin und durchnässte ihr bestes Kostüm.

Warburton liebte die Arbeit mit den Tieren im Oktopuslabor, aber »jeder dort verbrachte Tag«, erinnert sie sich, »war ein Desaster.«

Es gibt unzählige Geschichten von Oktopussen, die sich schlecht benehmen. In Santa Monica spielte ein Kalifornischer Zweipunkt-Krake wahrscheinlich an einem Ventil in seinem Tank herum und überflutete so das Aquarium mit Hunderten Litern Meerwasser, das die Böden ruinierte. In Coburg legte ein Gewöhnlicher Krake namens Otto drei Tage in Folge das gesamte Stromnetz des Sea-Star-Aquariums lahm. Ein Mitarbeiter, der sich nachts auf die Lauer legte, sah Folgendes: Otto kletterte zum Deckel seines Tanks und zielte mit seinem Strahl auf einen 2000-Watt-Spot an der Decke, bis das Licht ausging. (Er ärgerte auch seine Tankmitbewohner, die Krabben, indem er mit ihnen jonglierte, und er beschädigte das Glas seines eigenen Tanks, weil er Steine an die Scheibe warf.) Im Seattle-Aquarium nannten Tierpfleger einen weiblichen Pazifischen Riesenkraken Lucretia McEvil, weil sie regelmäßig alles in ihrem Tank zerlegte, auch den Filter.

Nicht ohne Grund gab Alex Schnell ihrem ausgerissenen Oktopus den Namen Houdini: Die Tiere sind Entfesselungskünstler. L. R. Brightwell, Angestellter des Marine Biology and Ecology Research Centre im britischen Plymouth, ging eines Morgens die Treppen hoch, als ihm dort ein Oktopus entgegenkroch. Bei einer Trawler-Expedition im Ärmelkanal fing ein Fischer einen kleinen Oktopus und ließ ihn unklugerweise an Deck. Zwei Stunden später fand man ihn in einer Kabine, wo er es sich in einer Teekanne gemütlich gemacht hatte. Im Frühjahr 2016 machte ein Maori-Krake namens Inky Schlagzeilen, der eines Nachts aus seinem Tank kroch, weil der Deckel einen Spalt offen geblieben war. Morgens konnte man seine Route anhand einer Schleimspur nachverfolgen. Nachdem sein puddinggleicher, fußballgroßer Körper über den Rand seines Tanks geglitten war, schlitterte er zu Boden, kroch 2,40 Meter weit – und rutschte durch ein 50 Meter langes Abflussrohr, das direkt in die Hawkes Bay führte, wo er zwei Jahre zuvor gefangen worden war.

Inky war sicher nicht klar, dass sein Ausbruch ihn direkt nach Hause bringen würde. Aber andere ausgerissene Oktopusse scheinen genau das im Sinn gehabt zu haben. Ein Bericht aus dem Jahr 1873 beschreibt, wie der Bestand an Lumpfischen im britischen Brighton-Aquarium langsam und ohne ersichtlichen Grund zurückging. Eines Morgens fand dann ein Mitarbeiter einen Oktopus in seinem Container. Der hatte wohl regelmäßig seinen Tank verlassen, seine Nachbarn gefressen und war nach Hause zurückgekehrt, bevor die Menschen morgens wiederkamen.

So sammelten sich über die Jahrhunderte viele Berichte von Oktopusausbrüchen, die scheinbar absichtlich die Plünderung anderer Tanks zum Ziel hatten. In den 1980er-Jahren entdeckte man in Bostons New-England-Aquarium einen Pazifischen Riesenkraken, der eine zur Untersuchung bestimmte Flunder in einem Tank einen Meter von seinem eigenen entfernt fraß. 2015, als Mitarbeiter des Bermuda-Aquariums immer wieder leere Krabbenschalen fanden, wo eigentlich lebendige Krabben sein sollten, fanden sie heraus, dass der Gewöhnliche Krake im Tank nebenan der Schuldige war.

Dieses ganze Chaos lässt fortgeschrittene, ja geradezu teuflische Intelligenz vermuten – die Forscher allzu gern dokumentieren, schließlich handelt es sich um ein rückgratloses Wesen, das enger mit Muscheln als mit Menschen verwandt ist. Aber genau die Eigenschaften, die die offensichtliche Leistungsfähigkeit des Gehirns von Oktopussen für die Forschung so faszinierend machen, erschweren den Wissenschaftlern ihre Untersuchungen auch sehr.

Oktopusse sind bekannt dafür, wie geschickt sie Deckel von Gläsern aufschrauben und Boxen öffnen können, vor allem, wenn Essen drin ist. Lernen sie durch das Prinzip Trial-and-Error oder durch plötzliche Erkenntnis? Oder sind sie, wie viele Primaten, Vögel, Ratten und Hummeln in der Lage, aus der Beobachtung anderer zu lernen?

Um herauszufinden wie Oktopusse ihre Welt verstehen, platzierte Alex Schnell eine Tiergruppe vor Fernsehern und zeigte ein Video einer menschlichen Hand, die ein Schraubglas mit einer leckeren Krabbenschere darin öffnete. Eine andere Gruppe sah nur das Video einer Schere in einem Glas. Eine dritte Gruppe sah ein Video eines Felsens. Welche Gruppe würde am schnellsten lernen, das Glas zu öffnen? Wie würden die Oktopusse sich verhalten?

Der hochgiftige Blaugeringelte Krake, *(Hapalochlaena lunulate)*, erforscht ein Riff vor der Küste Indonesiens.

Die Tiere irritierten die Forscherin schon wieder.

»Manche waren bereit, zu kooperieren«, erinnert sich Alex Schnell amüsiert, »aber andere weigerten sich.« Es ist nicht ungewöhnlich, dass sie unterschiedlich reagierten. Sie sind berühmt für ihre Individualität, die ihnen oft fantasievolle Namen in Aquarien einbringt. Ein Pazifischer Riesenkrake im Seattle-Aquarium wurde nach der scheuen Dichterin Emily Dickinson benannt. Sie war so schüchtern, dass sie nie hinter dem Filter hervorkam, sodass das Team sie nach Puget Sound zurückbringen musste.

Zudem sind ihre Reaktionen nicht vorhersehbar. Wie wir, können auch Oktopusse einen schlechten Tag haben, fand Schnell heraus »Manche hatten an einem Tag Lust mitzumachen und am nächsten nicht«, sagt sie. »Es war schwierig, aussagekräftige Daten zu bekommen.«

In einer neuen Versuchsreihe dachte sie sich: »Versuchen wir's mal mit einem Tier, bei dem ich mir nicht so den Kopf zerbrechen muss!« So begann sie, mit den Kopffüßerverwandten der Oktopusse (und in manchen Fällen ihren Nachbarn im Ozean) zu arbeiten, den Australischen Riesensepien, *(Sepia apama)*. Sie haben ausdrucksstarke, W-förmige Pupillen und können ebenso Farbe und

Form verändern, aber ihre acht relativ kurzen Arme und zwei langen Tentakel sind nicht so geschickt wie die von Oktopussen, sie können also ihre Tanks nicht verlassen. Und obwohl auch Sepien Persönlichkeit haben, sind sie nachgewiesenermaßen nicht so temperamentvoll.

Dann kam der schwierige Teil: geeignete Intelligenztests entwickeln. Forscher steckten Schimpansen in ein Labor, gaben ihnen Zapfen und Löcher unterschiedlicher Größen und waren begeistert, als sie das Puzzle gelöst hatten. Orang-Utans versuchten das nicht einmal. Wie die Orang-Utan-Verhaltensforscherin Birutė Galdikas es ausdrückte: »Es hat sie einfach nicht interessiert.« Aus anderen Experimenten mit Primaten schlossen Forscher zunächst, dass Gorillas keine Selbsterkenntnis hätten, weil sie ihr Spiegelbild nicht erkannten. Es gab jedoch noch eine andere Erklärung: Es gilt als Bedrohung, einem anderen Gorilla in die Augen zu sehen, daher wenden Gorillas ihre Augen bewusst von Spiegeln ab. (Hierzu passt die Anekdote des kanadischen Forschers Cosgrove, der mit Pazifischen Riesenkraken einen Test machte. Er hatte mehrere gefangen und wollte sie neben einer großen glänzenden Edelstahlplatte auf dem Meeresboden freilassen. »Würde er denken, da sei ein anderer Oktopus? Würde er sein Spiegelbild erkennen?«, fragte er. »Es geschah nichts von alledem.« Einige der verängstigten Tiere flitzten sofort davon, um so schnell wie möglich von ihren Fängern wegzukommen. Ein paar krochen an der Platte vorbei, ohne sie eines Blickes zu würdigen. Nur einer schien das glänzende Objekt zu bemerken. »Er nahm seine Bewegung wahr«, erinnert sich Cosgrove, »aber sich selbst oder auch nur die Tatsache, dass er eine Spiegelung sah, hat er nicht erkannt.«)

Schnell wurde klar: Um die Intelligenz eines Geschöpfes zu testen, das dermaßen anders ist als wir, »muss man mit einem eleganten Design daherkommen, das ökologische Relevanz hat«. Man muss also eine Aufgabe entwerfen, die wilde Tiere natürlicherweise würden lösen wollen – »jedoch ohne viel Training und Kontrollen, was die Ergebnisse verfälschen würde.«

Mit diesen Gedanken entwickelte Alex Schnell ein paar neue Tests und erhielt sehr beeindruckende Ergebnisse.

WIE MISST MAN den Verstand einer Molluske? Allein das Konzept, dass sie einen Verstand haben, ist ziemlich neu. Die bekanntesten Mitglieder dieses großen biologischen Stammes sind Schalentiere wie Muscheln, Austern und Schnecken – denen allen nicht viel Verstand zugeschrieben wird. Viele haben nicht mal ein Gehirn. Und wenn man in den Kopf eines Oktopusses schaute, würde man das Gehirn auch nicht unbedingt erkennen. Selbst ein sorgfältig gezeichnetes Diagramm eines Oktopusgehirns könnte eher für den Entwurf einer albernen Nonsense-Maschine oder das Schema einer Blume vom Mars gehalten werden. Unser Gehirn sieht aus wie eine Walnuss in ihrer Schale – unserem Schädel. Ein Oktopus hat keinen Schädel und sein Gehirn hat die Form eines Ringes, der um seinen Hals gewickelt ist. (Wenn er mehr abbeißt, als er kauen kann, kann sein Gehirn beim Versuch, den Bissen zu schlucken, beschädigt werden.) Unser Gehirn hat fünf verschiedene Lappen, darunter die Inselrinde, die sich im *Sulcus lateralis* befindet, einer tiefen Furche, und jeder Lappen hat andere Funktionen. Oktopusgehirne können 50 bis 70 Lappen haben – je nach Art und je nachdem, welcher Wissenschaftler sie zählt.

Das menschliche Nervensystem besteht aus 86 Milliarden Neuronen – die Zellen, die für die Aufnahme und Weiterverarbeitung des sensorischen Inputs unserer Umwelt zuständig sind –, und die meisten davon befinden sich in unserem Gehirn. Aber für einen Oktopus ist das Gehirn der kleinste Bestandteil des Nervensystems. Vier Fünftel seiner Neuronen – um die 350 Millionen – stecken in seinen Armen.

Jeder Arm für sich, schreibt Psychologe Frank Grasso, Leiter des Biomimetic and Cognitive Robotics Lab am Brooklyn-College, besitzt etwas, das einem

Folgende Seiten: Ein Oktopus versteckt sich unweit der kalifornischen Küste in einer Gruppe von Schlangensternen, Verwandten der Seesterne.

Gehirn ähnelt. Jeder besitzt sein eigenes Rechenzentrum, das große Informationsmengen weiterverarbeiten kann. Und unter gewissen Umständen kann jeder Arm auch ohne Input aus dem Gehirn wunderbar funktionieren. Auch vom Körper abgetrennt kann ein Oktopusarm losziehen und etwas tun.

Sogar Beute fangen. Dann ist er möglicherweise aber schon ganz woanders als der Schnabel und das Verdauungssystem, das die Beute vertilgen oder ihn nähren könnte, wäre er noch Teil des Körpers. Erfreulicherweise wachsen Oktopusarme nach. Anders als Eidechsen können Oktopusse eine perfekte Replik des alten Arms generieren – selbst wenn ein Männchen seinen spezialisierten dritten rechten Arm, den Hectocotylus, verliert, der an der Spitze keine Saugnäpfe hat, aber über die besondere Fähigkeit verfügt, Spermien in einem Weibchen zu platzieren.

Das ungewöhnliche Nervensystem der Oktopusse eröffnet interessante Perspektiven.

Vielleicht, wie die neuseeländische Wissenschaftlerin Sidney Carls-Diamante 2022 in einem Artikel in *Frontiers in Systems Neuroscience* annimmt, »bieten Oktopusarme die Möglichkeit einer völlig anderen Bewusstseinsform als die, mit der wir aktuell vertraut sind.« Was wäre, wenn Oktopusarme »ihre eigenen Bewusstseinsfelder« hätten – ein Bewusstsein aus mehreren Ichs, die der Oktopus irgendwie in einen Körper integrieren muss? Könnten Oktopusarme verschiedene Persönlichkeiten haben – ein paar schüchterne und ein paar verwegene Arme?

Kein Wunder, dass die Untersuchung der Intelligenz von Oktopussen so widerspenstig sein kann wie ihre papillenbesetzte Haut.

»Es ist schwierig in der Wissenschaft«, sagt Alex Schnell. »Leute, die tierisches Verhalten untersuchen, halten sich von Themen wie Bewusstsein und Empfindungen fern, weil das so umstritten und schwer mess- und definierbar ist.« Und bezogen auf die Oktopusse, die sie erforscht, betont sie: »Diese Wesen können nicht verbal mit uns kommunizieren.« Wie soll man also einen geeigneten Test entwerfen, der herausfindet, was ein Geschöpf denkt, das so anders ist als wir?

Konzepte wie Bewusstsein und Empfindungen sind ebenso glitschig wie Oktopusse. Eines der bahnbrechenden Experimente menschlicher Psychologie untersuchte die mentalen Zustände einer Gruppe, die uns nicht immer klar sagen kann, wie sie die Welt sieht: Vorschulkinder. Der sogenannte Marshmallow-Test wurde 1972 entwickelt und sollte ihre Fähigkeit, eine Belohnung aufzuschieben, ermitteln. Die Kinder durften sich aussuchen, was sie lieber mochten – Salzbrezel oder Marshmallow –, und wurden vor die Wahl gestellt: Sie könnten entweder sofort ein Stück davon essen oder aber warten und später dafür gleich zwei bekommen. In Folgestudien Jahre später erreichten die Kinder, die auf zwei Belohnungen gewartet hatten, in SATs (Studierfähigkeitstests) höhere Punktzahlen als die, die der Versuchung nicht widerstanden hatten. Andere Folgestudien zeigten zwar, dass der Marshmallow-Test zur Vorhersagung des Verhaltens im Erwachsenenalter nicht geeignet war, doch die Fähigkeit, auf sofortige Belohnung zu verzichten, wird immer noch als bedeutender Schritt für Menschen gesehen, komplexere Entscheidungen zu treffen.

Kopffüßer essen keine Marshmallows, schreiben keine SATs und befolgen keine verbalen Anweisungen. Aber Alex Schnell erkannte, dass sie, wenn sie den Marshmallow-Test und andere Experimente abwandelte, eine Linse entwickeln könnte, durch die man sieht, wie diese Mollusken Entscheidungen treffen. Stützen sie sich auf frühere Erfahrungen? Können sie die Zukunft antizipieren?

Sie nahm einen Hinweis einer ihrer Mentorinnen auf, der Cambridge-Professorin Nicola Clayton. Deren wegweisende Experimente mit Eichelhähern in Gefangenschaft belegten eindeutig, dass ihr Vermögen, sich zu erinnern oder Aufgaben zu lösen, es mit dem von Schimpansen und Kindern aufnehmen kann. Aber natürlich musste Schnell Tests für Lebewesen gestalten, die lieber Mehlwürmer als Marshmallows essen, Schnabel und Füße statt Hände und Finger benutzen, und die auf Fragen mit einem bestimmten Verhalten reagieren und nicht mit Wörtern.

Alex Schnell wurde klar, dass sie zunächst ihre Sepien würde trainieren müssen. »Das ist ziemlich mühsam«, sagte sie. Sie brauchte eine gute Belohnung. Was würden ihre Versuchstiere bevorzugen? Der Topfavorit waren lebende Shrimps; vorab tiefgefrorene Riesengarnelen kamen nicht so gut an.

Dann musste sie ihnen beibringen, jedes Essen mit einem Symbol zu assoziieren. Im Experiment zeigte sie jedem teilnehmenden Tier zwei Unterwasserkammern. Die eine war mit einem Kreis markiert. Wenn sie eine gefrorene Garnele in diese Kammer fallen ließ, öffnete sich sofort eine Plexiglastür und der Tintenfisch konnte sich das Futter schnappen. Die andere Kammer war mit einem Dreieck markiert. Der Tintenfisch sah durch die Plexiglastür, wie Schnell seinen Lieblingssnack – den lebendigen Shrimp – in diese Kammer warf. Zuerst attackierte er die Tür mit seinen Fangarmen, bis er realisierte, dass seine Bemühungen nichts nützen – bis die Tür geöffnet wird. Über mehrere Tage hinweg lernte er, dass die mit dem Dreieck markierte Tür zum bevorzugten Futter führt, er aber warten muss, um es zu bekommen.

Als Nächstes erhält er eine neue Lernaufgabe. Beide Unterwasserkammern werden ihm zugleich angeboten – eine mit lebendiger Beute, eine mit gefrorener. Aber sobald er das Futter in einer Kammer frisst, wird das aus der anderen entfernt. Er lernt, dass er sich für eine der beiden entscheiden muss und nicht beide haben kann.

Zum Schluss werden die Kammern wieder mit einem Kreis und einem Dreieck markiert und kennzeichnen die beiden verschiedenen Leckereien. Wenn der Tintenfisch sich für die mit einem Kreis markierte Kammer entscheidet, erhält er sofort die Riesengarnele – aber der köstliche lebendige Shrimp wird weggenommen. Wenn er auf die Leckerei in der mit einem Dreieck markierten Kammer wartet, wird er mit dem Shrimp belohnt.

»Eine schwierige Entscheidung voller Verlockungen«, bemerkt Alex Schnell empathisch. Und sie sieht, wie die Sepien innerlich mit sich ringen. Manchmal, stellt sie fest, scheinen sie bewusst von der verlockenden Garnele wegzuschauen, um auf den köstlichen Shrimp zu warten. Die Kinder beim Marshmallow-Test wandten dieselbe Strategie an. Manchmal hielten sie sich die Augen zu oder beschäftigten sich mit einem Spielzeug, um sich lange genug abzulenken und danach die bessere Belohnung zu erhalten.

Schnells Sepien hielten zwischen 50 und 130 Sekunden durch, um die bevorzugte Leckerei zu bekommen. Und durch das sorgfältig ausgearbeitete Experiment lernten sie mehr, als nur vor dem Essen zu warten. Sie konnten spezielle Ergebnisse mit besonderen Symbolen in ihrem Verstand assoziieren. Sie wussten, dass das Dreieck auf ihr Lieblingsessen hinwies, und so wussten sie, auch ohne den Shrimp hinter dieser Tür zu sehen, dass ihr bevorzugter Snack in dieser Kammer auftauchen würde und nicht in der anderen. Und diese Lektionen konnten sie nutzen, um ihr gegenwärtiges Verhalten zu steuern. In diesem bemerkenswerten Experiment demonstrierten die mit gehirnlosen Muscheln und Austern verwandten Wirbellosen zum ersten Mal Gedächtnis, Lernfähigkeit und eine Selbstbeherrschung, die es mit jenen Tiere aufnehmen konnte, welche für ihre Klugheit bekannt waren. Diesbezüglich waren die Cephalopoden gleichauf mit Krähen, Papageien und Schimpansen.

Aber wie Menschen sind auch Tintenfische Individuen. Nicht alle können der Versuchung widerstehen.

»Es gibt auch Ungeduldige«, sagt Schnell. »Ein junges Weibchen spritzte mich immer an, bis ich sie schließlich fütterte. Sie haben so viel Charakter.«

Ein Echter Tintenfisch in Alex Schnells Versuch wartet darauf, Zugang zu einer Garnele zu erhalten.

AUCH AUF DEM INDONESISCHEN MEERESBODEN verhalten sich Kokosnuss-Oktopusse sehr ähnlich wie Menschen. Dieses Mal stolzieren sie nicht nur über den Grund, sondern haben auch schweres Gepäck dabei.

Ein Oktopus, der eine halbe Kokosnuss mit sich herumschleppt, sieht aus wie ein Flugreisender mit zu viel Gepäck. Seine Last ist größer als er selbst. Um sie zu tragen, muss er die Schale unter seinem apfelförmigen Körper so drehen, dass die Rundung nach unten zeigt. Mit den Spitzen einiger seiner 15 Zentimeter langen Arme hält er sie fest, während er ungeschickt auf den restlichen Armen rückwärts über den schlammigen Meeresboden tippelt.

Julian Finn vom Museum of Victoria im australischen Melbourne suchte eigentlich eine andere Oktopusart, als er die Hälfte einer zerbrochenen Kokosnuss auf dem Meeresgrund entdeckte. Dann sah er, wie sie sich bewegte. Ein Kokosnuss-Oktopus kam unter der gewölbten Schale hervor. Finn hielt inne, um das zu beobachten, und plötzlich warf der Oktopus die Schale um, hüpfte darauf und eilte watschelnd davon, wobei er seine sperrige Beute mit mehreren Armen festhielt.

»Eine Zeitlang bin ich ihm gefolgt«, sagt der Wissenschaftler. Nach ein paar Minuten, in denen er die unhandliche Last mitschleifte, fand der Oktopus im Schlamm eine weitere halbe Kokosnuss und nahm sie mit.

Er zwängte sich in die erste Schale und zog die zweite Hälfte darüber, wodurch ein sicherer Raum entstand. Wie Finn sich ausdrückte, »umgab er sich mit einer Art Schutzpanzer«.

Anders formuliert: Er baute sich ein Werkzeug und nutzte es.

Bis 1960, als Jane Goodall von Schimpansen berichtete, die Termiten mit Zweigen geangelt hatten, galt die Verwendung von Werkzeugen als der entscheidende Schritt, der die Menschen von allen anderen Tieren unterschied.

Kurz darauf erzählten Verhaltensforscher vom Werkzeuggebrauch anderer Tiere: Delfine tragen Meeresschwämme bei sich, um den Sand am Meeresgrund durchzumischen; Orang-Utans basteln sich aus Zweigen Pfeifen, um Feinde zu erschrecken. Elefanten brechen Äste ab, um sich zu kratzen, Fliegen totzuschlagen und sogar, um kleine Wasserlöcher abzudecken, damit sie nicht verdunsten.

Forscher stellten die Theorie auf, dass die Verwendung von Werkzeug – ebenso wie hohe Intelligenz im Allgemeinen – sich bei hoch sozialen, langlebigen Arten wie diesen entsprechend der Anforderungen entwickelt. Die meisten Tiere, die uns als die klügsten einfallen, sind jene, die wie wir mit den Herausforderungen komplexer sozialer Gruppen zurechtkommen müssen. Elefanten leben in weiblich dominierten Herden mit bis zu 100 Tieren. Sie werden von einem Elternteil großgezogen und können von ihm sowie von Tanten, älteren Nichten und Neffen lernen. Orang-Utans werden mit acht Jahren immer noch gestillt und erfreuen sich eines langen Lebens. Nonja, der älteste in Gefangenschaft lebende Orang-Utan der Welt, starb mit 55. In Gefangenschaft kann eine Krähe 30, ein Delfin 60 und ein afrikanischer Elefant 70 Jahre alt werden. Sich im Lauf eines langen Lebens mit so vielen Verwandten, Freunden und Feinden messen zu müssen und mit ihnen zu kooperieren, galt lange als Ursache für die Entwicklung eines großen, komplexen Gehirns. Doch was ist mit den Oktopussen? Wie Alex Schnell betont, sind sie »fast das genaue Gegenteil. Sie leben schnell und sterben jung.« Eine der am längsten lebenden Arten, der Pazifische Riesenkrake, wird nur drei bis fünf Jahre alt. Oktopusmütter kümmern sich nicht um ihre Jungen. Mit dem letzten Atemzug hauchen sie ihre frisch geschlüpften Babys vielleicht gerade noch ins offene Meer. Und der Großteil der Literatur über wild lebende Oktopusse behauptet beharrlich, sie seien Einzelgänger. Aber wie sollen sie dann ihre außergewöhnliche Intelligenz entwickelt haben?

»Ihr Körper«, sagt Schnell, »ist unserem gegenüber so fremdartig und unterschiedlich, wie man es sich nur vorstellen kann. Aber bedeutet das auch, dass der Verstand ebenso gegensätzlich ist?« Sie vergleicht die kognitiven Fähigkeiten von Schimpansen und Krähen mit denen von Oktopussen.

Das Ergebnis: Sie haben ihren besonderen Intellekt auf völlig anderem Wege entwickelt als Wirbeltiere. Statt durch die Anforderungen eines langen Lebens und das Leben in der Gruppe geformt zu werden, gründet sich ihre Intelligenz auf dem Verlust der Schale ihrer Ahnen.

In ihrer Evolution war der Verlust der Schale ein Kompromiss. Ohne die schützende Hülle waren ihre Urahnen einer Reihe neuer Fressfeinde ausgesetzt und sahen sich neuen Herausforderungen gegenüber. Sie mussten Nahrungs- und Schutzstellen suchen und sich diese merken, und das, ohne Aufmerksamkeit zu erregen. »Derlei ökologische Anforderungen begünstigten die Intelligenz von Krähen und Schimpansen«, sagt Schnell, »und wir sind der Ansicht, dass die Oktopusse Ähnliches zu meistern hatten.«

Den Begrenzungen der Schale zu entkommen ermöglichte den Oktopussen, sich fortzubewegen, Dinge zu beeinflussen, zu lernen, sich zu erinnern – und vielleicht sogar sich vorzustellen, wie der Verstand anderer Lebewesen arbeitet: ein Verstand, der sich erstaunlich von ihrem unterschied und ihm doch faszinierend ähnelte.

ES IST NACHT. Heidi, ein junger Großer Blauer Krake, hat sich am Tank festgesaugt. Der steht im Wohnzimmer von David Scheel, einem Verhaltensforscher an der Alaska-Pacific-Universität, und seiner Tochter Laurel, einem Teenager. Heidis Haut ist weiß und weich. Ihr Mantel hängt schlaff herunter. Ihre Arme sind ruhig, die Augen geschlossen. Sie scheint friedlich zu schlafen und ist sich der Videokamera nicht bewusst.

Ein Großer Blauer Krake schwimmt bei Hawaii im offenen Meer.

Und mit einem Mal wird ihre Haut zitronengelb. Die Papillen stellen sich auf, ihr Mantel pulsiert wie ein schlagendes Herz; sie wird dunkler, dann gelbbraun gesprenkelt, ihre Haut wird stachelig. Ihre Augen bewegen sich in ihren Höhlen hinter geschlossenen Lidern. Die gekringelten Spitzen ihrer Arme wirbeln herum.

Aber sie bleibt am Glas kleben.

In ihrem Tank passiert nichts, das diesen Wechsel von Farbe, Textur und Form erklären würde. Es ist keine Nahrung da. Es ziehen keine Schatten über ihn hinweg, Temperatur und Qualität des Wassers sind unverändert, weder innerhalb noch außerhalb des Tanks findet eine störende Bewegung statt.

David Scheel hat eine Vermutung. Als er sich das Material später ansieht, stellt er provokativ die Behauptung auf, dass Heidi vielleicht auf ein inneres Drama reagiert – eines, wie es im Nachtschlaf aller Säugetiere vorkommt.

»Wenn sie träumt«, sinniert der Professor, als er sieht, wie sie plötzlich dunkel wird, »dann ist das hier ein dramatischer Moment.« Er vermutet, dass sie in ihrem Traum jagt und sich dann zurückzieht, um eine Krabbe zu vertilgen.

Der Videoclip der schlafenden Heidi war Teil der 2019 erschienenen Dokumentation des US-amerikanischen Fernsehsenders PBS *Octopus: Making Contact*. Er ging viral und entfachte eine lebhafte Debatte. Freud betrachtete unsere Träume als Gedichte, die wir uns nachts selbst aufsagen. Erfrischen Oktopusse im Schlaf ihre ringförmigen Gehirne mit ihrer Art von Poesie? Können wir anhand ihrer Haut ihre Träume interpretieren? Von einem Labor in Brasilien bis zu den Gewässern der Westindischen Inseln sind Forscher damit beschäftigt, das herauszufinden.

Der erste Schritt – wie die Cephalopoden-Neurowissenschaftlerin Sylvia Lima de Souza Medeiros am Hirnforschungsinstitut der brasilianischen Universidade Federal do Rio Grande do Norte feststellte – bestand darin, sich zu vergewissern, dass ihre vier Exemplare der Spezies *Octopus insularis* wirklich schliefen.

Manchmal ist das schwer zu sagen. Wie Säugetiere auch haben Oktopusse einen Lieblingsplatz zum Ausruhen und nehmen eine typische Schlafhaltung ein. In ihrem Fall einen gesenkten Kopf und um den Körper geschlungene Arme. Wie bei uns wird auch ihr Atemrhythmus zum Zeitpunkt des Einschlafens langsamer. Aber die Augen eines schlafenden Oktopusses können offen bleiben, auch wenn die Pupillen zu Schlitzen werden. Ein wacher Oktopus – ebenso wie ein schlafender – kann sehr lange Zeit stillhalten. Verschiedene Tiere wirken beim Schlafen sehr aktiv. Bei Walen und Delfinen schlummert jeweils nur eine Gehirnhälfte, sie kommen während des Schlafs an die Oberfläche, um Luft zu holen. Fregattvögel, eine Zugvogelart, schlafen im Steig- und Gleitflug kurz auf dem Flügel.

Um sicher zu wissen, wann die Oktopusse schliefen, testete Medeiros ihre Reaktionen auf verschiedene Stimulationen und orientierte sich dabei an dem Prinzip, dass eine verringerte Reaktion Teil der Definition von Schlaf ist. Sie und ihre Kollegin Mizziara de Paiva montierten einen Nylonfaden in einem anderen Raum, der einen Gummihammer aktivierte, auf jeden Tank zu klopfen. Sie testeten vier verschiedene Intensitätsstufen und probierten auch verschiedene Stimuli aus: Direkt vor dem Lieblingsplatz jedes Oktopus platzierten sie einen Bildschirm, der das Video einer seitwärts laufenden Krabbe zeigte – ein Anblick, der Oktopusse im wachen Zustand auf jeden Fall veranlassen würde, anzugreifen. Sie zeichneten die Aktivität der Tiere tagsüber zwölf Stunden lang auf und durchgehend während der Stimuli-Tests, um sich bei Reaktionen noch einmal rückzuversichern. Wenn ein Oktopus auf keinen der Anreize reagierte, wussten sie, dass das Tier tatsächlich schlief.

Medeiros fand heraus, dass Oktopusse zwei verschiedene, sich stets wiederholende Schlafstadien haben, wie Menschen auch. Sie machte gerade letzte Korrekturen am Entwurf ihrer Abhandlung, als der Clip von David Scheels schlafender Heidi online ging – und ihre Ergebnisse bestätigte.

Folgende Seiten: Der Meeresbiologe David Scheel betreute diesen Oktopus namens Heidi in einem Heimaquarium. Wenn seine Familie fernsah, schaute Heidi von ihrem Tank aus auch zu.

Die erste Schlafphase ist wie bei Heidi jene, die Medeiros als »ruhigen Schlaf« bezeichnet. Das Tier ist blass und bewegt sich nicht, die Augen sind verengt. Diese Phase dauert im Durchschnitt 415,2 Sekunden, ermittelte sie. Dann folgt deutlich erkennbar die Phase, die Medeiros »aktiven Schlaf« nennt. Die Atmung wird schneller, die Augen flitzen unter den Lidern hin und her, die Saugnäpfe klammern sich an etwas, die Arme zucken, und – das Verblüffendste daran – Farben und Muster strömen über die Haut. Diese Phase dauert nur 40 Sekunden. Dann beginnt der Zyklus von Neuem. Sie stellte fest, dass die Oktopusse in ihrem Labor pro Tag 10 »aktive« und 17 »ruhige« Schlafphasen hatten.

Medeiros bezieht sich in ihrem 2021 bei iScience erschienen Artikel bewusst nicht auf den Begriff REM-Schlaf *(rapid eye movement)*. REM-Schlaf ist die Phase, in der Menschen träumen. Sie kann nur durch auf dem Kopf angebrachte Elektroden ermittelt werden – und das geht bei Oktopussen nicht. Sie würden diese herunterziehen, außerdem wäre überall Schleim.

»Als Wissenschaftlerin kann ich ihr Träumen nicht untersuchen«, sagt Medeiros. Aber es gibt einigen Grund zu der Annahme, dass der »aktive Schlaf« bei diesen klugen Tieren, die ein gutes Gedächtnis und einen scharfen Verstand benötigen, um jeden Tag neue Probleme zu lösen, dieselbe erinnerungsstärkende Funktion hat, die der Traumschlaf beim Menschen zu haben scheint. »Beim Menschen wissen wir, dass wir in einer Prüfung besser abschneiden, wenn wir vorher von ihr träumen«, legt sie dar. »Auch der Verstand von Oktopussen erfasst viele Informationen – und diese müssen verarbeitet und gefestigt werden.«

Aber wie soll man herausfinden, ob dieses bemerkenswerte Verhalten nicht eine Reaktion auf die abnormale Situation in Gefangenschaft ist? »Die Frage ist legitim«, räumt Medeiros ein – daher arbeitet sie mit C. E. O'Brien vom Meeresforschungszentrum in Cockburn Harbour auf South Caicos zusammen. Als die Originalausgabe dieses Buchs in Druck ging, filmten sie drei Arten im offenen Meer. »Bisher konnte das niemand in der natürlichen Umgebung aufzeichnen«, bemerkt O'Brien. Sie brachten vor Oktopusbauten Videokameras an, um nonstop zu filmen.

Während Laboruntersuchungen womöglich durch die Gefangenschaft der Tiere verfälschte Ergebnisse liefern, sehen sich Feldstudien mit anderen Komplikationen konfrontiert. Zum Beispiel die Kokosnüsse schleppenden Oktopusse. Ja, sie verwenden ein Werkzeug. Aber mittlerweile berichtet die Wissenschaft, dass Fische Felsen als Hammer nutzen, um Herzmuscheln zu öffnen, oder dass Wespen Erdlöcher mit Kieselsteinen verschließen .

Was Julian Finn am Anblick des Kokosnuss-Oktopusses mit seiner Ladung am meisten beeindruckte, war, dass sie ihm »keinen unmittelbaren Nutzen« bescherte. Das Tragen »machte ihn sogar verletzlicher«, sagt er. Der langsame, watschelnde Gang konnte Aufmerksamkeit erregen. Dass der Oktopus diesen Aufwand betreibt und sich in Gefahr begibt, um dieses Werkzeug zur späteren Verwendung mitzunehmen, könnte beweisen, vermutet Finn, dass er für die Zukunft plant – wie ein Mensch, der für den Fall, dass es regnet, einen Schirm mitnimmt.

Aber Christine Huffard kennt diese Gewässer sehr gut und für sie ist es vorstellbar, dass diese Hälften sogar schon sinnvoll sein könnten, bevor der Oktopus sie als Schutz zusammenlegt. »Dieser Lebensraum ist voller Fangschreckenkrebse«, betont sie. Diese Jäger verstecken sich im Sand und lauern von dort ihrer Beute mit ihren kräftigen, speerähnlichen vorderen Gliedmaßen auf. Auch Sterngucker lauern im Sand – dem Barsch verwandte Fische mit nach oben zeigenden Mündern, die nur darauf warten, ahnungslose Tiere im Ganzen herunterzuschlucken. »Wenn ich dort leben würde, wo jederzeit ein Paar riesige Scheren auf mich zuschnellen kann, hätte ich auch gern einen Schutzschild dabei.« Als sie für *Secrets of the Octopus* vor Lembeh Island filmten, sahen Regisseur Adam Geiger und Moderatorin Alex Schnell einen Oktopus, der noch einen draufsetzte. »Ein Fangschreckenkrebs und ein Kokosnuss-Oktopus in seinem Versteck kämpften miteinander«, erklärt Geiger. »Der Oktopus sah sich um und erblickte eine Schale. Er stellte sie wie einen Schild hin. Er wusste genau, was er damit anfangen kann.« Ein cleverer Schachzug. Er verwendet also definitiv Werkzeuge, jedoch beweist das nicht, dass er vorausplant. Um herauszufinden, was der Oktopus tatsächlich denkt, sind sorgfältig konzipierte Experimente erforderlich, die Laborerkenntnisse mit Unterwasserbeobachtungen zusammenbringen.

»Die Labortests müssen das Ausmaß der kognitiven Komplexität dieser Tiere noch nachweisen«, sagt Schnell. »Bis dahin werden Feldbeobachtungen zur Inspiration dienen!«

»Und wir können viel von denen lernen, die Oktopusse in Aquarien halten«, fügt Huffard hinzu. Jede Umgebung kann eine andere Facette des Mosaiks bereithalten, das Forscher zu einem aufschlussreicheren Porträt der mentalen Welt des Oktopus zusammenfügen möchten.

Vor der Küste von Mustique, einer Insel der Grenadinen, lebt *Octopus insularis*, eine Art der Südkaribik, die erst vor Kurzem von ihrem nahen Verwandten, dem Gewöhnlichen Kraken, *(Octopus vulgaris)*, abgegrenzt wurde.

NANCY KING AUS DALLAS, TEXAS, gibt es gerne zu: Sie wurde von ihrem Oktopus trainiert.

Vor ein paar Jahren beherbergte sie einen weiblichen Kalifornischen Zweipunkt-Kraken, den sie Ollie genannt hatte, in einem Salzwassertank. Ollie assoziierte sie bald mit dem Erscheinen von Nahrung und kam nach vorne, wenn sie Nancy sah. Nancy ließ lebende Winkerkrabben in Ollies Tank fallen. Wenn diese sich im Sand vergruben, schien es dem Oktopus schwerzufallen, sie zu finden. Von außen zeigte Nancy mit dem Zeigefinger auf die versteckte Beute und Ollie lernte, dort nach der Krabbe zu graben. Die Filmemacher von *Secrets of the Octopus* zeichneten denselben Ablauf im offenen Meer auf. Sie filmten Alex Schnell, die einem Großen Blauen Kraken folgte, der wiederum Krabben jagte, von denen eine flüchten konnte. Alex Schnell deutete auf die Krabbe und der Oktopus schnappte sie sich. Hunde und Elefanten sind die einzigen anderen Arten, die Forschern zufolge ein menschliches Zeigen verstehen und darauf reagieren. Nicht einmal in Gefangenschaft aufgewachsene Wölfe scheinen dieses Konzept zu begreifen.

Nancy King wurde schnell klar, dass das Lernen auf beiden Seiten stattfand. Eines Tages, als sie grade nicht in Ollies Raum war, hörte sie dort etwas auf den Boden knallen. Sie sah nach: Da lag ein Magnet, Teil eines Algenreinigungsapparats, der normalerweise an der Innenseite durch einen zweiten Magneten an Ort und Stelle gehalten wird. Als Ollie daran gezogen hatte, war der Apparat laut krachend heruntergefallen – und King daraufhin zum Tank gekommen. Von da an zog der Oktopus immer am Magneten, um seine menschliche Pflegerin herbeizurufen, und King reagierte und unterhielt ihre Freundin. Ollie trainierte auch Nancy Kings Mann. »Wie Bedienstete in einem englischen Herrenhaus kamen wir angerannt, wenn Ollie den Magneten wegzog«, erzählt King.

In dem Buch *Cephalopods: Octopuses and Cuttlefish for the Home Aquarium* bemerken King und ihr Co-Autor Colin Dunlop, dass in Gefangenschaft lebende Oktopusse es genießen, etwas Interessantes zu tun zu haben. »Nach Wasserqualität und Nahrung [sind] Stimulation und Bereicherung im Leben eines Kopffüßers das Wichtigste«, betonen sie. Oktopusse lösen gern Puzzle-Boxen und öffnen Schraubdeckel. Die Autoren empfehlen, dem Haustier-Oktopus dieselben Spielzeuge anzubieten, die man seinen Kindern geben würde. Sie zerlegen gern etwas, und manchmal bauen sie auch Legoteile zusammen.

Mit anderen Worten: Sie spielen.

Spielen ist eine weitere mit Intellekt assoziierte Aktivität. Bei Laborratten führt es zur Vergrößerung des Gehirns, insbesondere des Präfrontalen Cortex, des Bereichs, der an der Planung komplexer Verhaltensweisen beteiligt ist. Eine Analyse von 46 Studien über Kinder ergab, dass Spielen das Denken, Schlussfolgern und Erinnern sowie die soziale und sprachliche Entwicklung verbessert.

Manchmal verhalten sich Oktopusse so sehr wie Kinder, dass man meinen könnte, sie würden dieselben Spiele spielen. Im Seattle-Aquarium führte der inzwischen verstorbene Roland Anderson ein Experiment durch, dass er an der Lethbridge University mit Psychologin Jennifer Mather entwickelt hatte, einer der führenden Expertinnen für die Problemlösungsfähigkeiten und Persönlichkeiten von Oktopussen. Er gab jedem der acht dort lebenden Pazifischen Riesenkraken Pillenbehälter, um ihre Farb- und Texturvorlieben zu erforschen. Manche untersuchten ihren Behälter vorsichtig mit ihren Saugnäpfen, andere warfen ihn weg, und ein paar hielten ihn eine Armlänge von sich entfernt, als würden sie ihn misstrauisch beäugen. Aber zwei Oktopusse taten etwas völlig anderes: Sie spritzten mit ihrem Strahl darauf – einem »sorgfältig abgestimmten Strahl, sodass der Behälter immer wieder durch den Tank kreiste.« Als der weibliche Oktopus das 16-mal wiederholt hatte, hatte Anderson bereits Jennifer Mather am Telefon: »Sie lässt den Ball springen!«

Spielen kann sich zwar später als nützlich erweisen, per definitionem ist es aber eine Aktivität, die zu dem Zeitpunkt zum reinen Vergnügen ausgeführt wird. Es ist nicht überlebensnotwendig, jedoch für intelligente Wesen unerlässlich für Gesundheit und Wohlbefinden.

Kluge Tiere werden gelangweilt und depressiv, wenn sie nichts zu tun haben. Deshalb hat der Cleveland Metropark Zoo einen Leitfaden zur Bereicherung für in Gefangenschaft lebende Oktopusse erarbeitet, den mittlerweile Dutzende Zoos und Aquarien verwenden. Er bestärkt Pfleger darin, ihren Schützlingen nicht nur lebende Beute und interessante Verstecke anzubieten, sondern darüber hinaus Spielzeuge wie Zahnungsringe und Bauklötze für Babys oder Hundespielzeug aus Kunststoff.

Verschiedene Aquarien haben sich sogar noch ausgefeiltere Zeitvertreibe ausgedacht. Ingenieur Wilson Menashi wurde von Mitarbeitern des Bostoner New-England-Aquariums beauftragt, ein Spielzeug zu entwickeln, das herausfordernd genug war, um ihre Pazifischen Riesenkraken zu beschäftigen. Er kreierte drei Plexiglasboxen. Die kleinste hat ein Schloss, bei dem man einen Bolzen zuschiebt und nach unten dreht, wie bei einem Stall. Die zweite hat einen Riegel, der in einen Bügel einrastet. Die dritte hat zwei Schlösser: eins mit Riegel und eins mit Bügelverschluss, wie am Deckel eines alten Einmachglases. Die Tiere lernten alle drei Boxen zu öffnen, um an die lebende Krabbe im Inneren zu gelangen. Für noch mehr Entertainment können die Boxen wie russische Matroschka-Puppen ineinander gestellt werden.

Pfleger im Kelly Tarlton's Sea Life Aquarium in Auckland, Neuseeland, brachten ihrem weiblichen Pazifischen Riesenkraken namens Rambo bei, einen Knopf zu drücken und auf diese Weise digitale Fotos von Besuchern zu machen – wodurch sie zur weltersten dokumentierten »Oktografin« wurde. Das Hatfield Marine Science Center der Oregon State University entwickelte ein Hebelsystem, mit dem sein Pazifischer Riesenkrake Pinsel zum Malen auf einer Leinwand außerhalb des Tanks bewegen konnte. Nachdem der erste Oktopusmaler, Squirt, zur Sensation geworden war, trainierten andere Aquarien weitere Oktopuskünstler.

Folgende Seiten: Ein Pazifischer Riesenkrake gleitet über den Meeresboden, indem er seinen Mantel mit Wasser füllt und es durch seinen Trichter hinausspritzt.

Doch die kreativen Achtfüßer kooperieren nicht immer mit ihren menschlichen Förderern. Rambo lernte in nur drei Versuchen, Fotos zu schießen – aber sie lernte auch schnell, Kamera und Gehäuse kaputtzumachen. (Die Mitarbeiter lösten dieses Problem, indem sie die Apparatur umkonstruierten.) Und sämtliche Riesenkraken des New-England-Aquariums lernten schnell, die Puzzle-Boxen zu öffnen, aber eines Tages fand ein stürmisches Weibchen namens Guinevere einen Weg, um noch schneller an die Krabbe darin zu kommen. Sie schlug einfach auf die Box, und durch den so entstandenen Riss konnte sie sich die Krabbe schnappen. Später entschied Oktopus Truman ebenfalls, sich nicht mit den Schlössern herumzuärgern. Eigentlich war er ziemlich entspannt, aber an dem Tag war er aufgeregt, weil sein Pfleger nicht nur eine, sondern zwei Krabben in die Boxen gesetzt hatte, die – unwiderstehlich! – miteinander kämpften. Er schwappte einfach seinen ganzen Körper durch den Riss in der äußeren Box. (Unglücklicherweise steckte Truman jetzt plötzlich zwischen der inneren und äußeren Box fest. Sein Pfleger erkannte sein Dilemma und öffnete ihm beide Boxen, sodass er die Krabben verputzen konnte.)

Aquarianer und Heimaquaristen berichten, dass viele Oktopusse menschliche Gesellschaft zu schätzen scheinen – so wie es bei Ollie und den Kings gewesen war. Eine von Mather und Anderson im Seattle-Aquarium durchgeführte Versuchsreihe zeigte, was Oktopushalter bereits wussten: Pazifische Riesenkraken erkennen individuelle menschliche Gesichter und erinnern sich an sie. Die Forscher teilten identisch angezogene Freiwillige in zwei Gruppen ein. Eine Gruppe lehnte sich über den Tank und bot köstlichen Fisch an. Die andere pikste sie mit einem Stock. Alle Tiere lernten schnell, sich den Menschen zu nähern, die ihnen zuvor Fisch angeboten hatten, obwohl sie gar keinen Fisch mehr dabeihatten. Aber als die Oktopusse die Gesichter der Menschen sahen, die sie gepikst hatten, schwammen sie davon – manche spritzten ihnen vorher noch kaltes Salzwasser ins Gesicht.

Es gibt viele Erzählungen von Oktopussen, die Freundschaften mit einem Menschen zu genießen schienen. In seinem Oscar-prämierten Film *Mein*

Lehrer, der Krake trifft Taucher und Filmemacher Craig Foster wiederholt denselben wild lebenden Gewöhnlichen Kraken im südafrikanischen Kelpwald. Über ein Jahr lang erlaubt er ihm, ihn zu begleiten. Foster darf ihn streicheln, während das Tier seine Haut mit seinen Saugnäpfen erforscht. In David Scheels Wohnzimmer in Anchorage spielten Tochter Laurel und Oktopus Heidi oft mit Bällen und Schraubgläsern. Irgendwann fürchteten sie, der Tank könnte zu schwer für den Boden im Haus sein, und so siedelte Scheel Heidi in sein Labor um. Immer wenn Laurel sie besuchen kam, wurde Heidi rot vor Aufregung und flitzte in ihrem Tank nach vorne, um sie zu begrüßen.

Warum sollte ein für sein Einzelgängerdasein berühmtes Tier, das keine Mutterliebe erfährt, solche Beziehungen eingehen? Wie kann ein Tier, dessen naturgeschichtliche Entwicklung kein Sozialleben beinhaltet, Bindungen aufbauen, die Freundschaften erstaunlich ähnlich sind?

»Neue Beweise zerstören gerade Hypothesen über die Biologie der Kopffüßer, die jahrzehntelang als richtig angesehen wurden«, sagt Christine Huffard. Manche ihrer Erkenntnisse wurden – wie auch die von anderen im Alleingang arbeitenden Forschern – zunächst abgetan oder ignoriert, weil sie so überraschend waren. Doch nun scheint es, dass zumindest einige Arten dieser frappierend klugen Geschöpfe gar nicht so eigenbrötlerisch sind – und ihre Beziehungen untereinander und mit anderen Arten weitaus reicher, komplexer und spannender, als wir es je für möglich gehalten hätten.

TEIL DREI

Das Königreich

der Oktopusse

UNERWARTETE ASSOZIATIONEN

Den Deckel des riesigen Tanks (11 356 Liter) schmückt eine Lichterkette mit Herzen, ein Strauß roter Kunststoffrosen schwimmt im Wasser und aus den Lautsprechern dröhnt Barry Whites sexy Bassstimme mit *Can't get enough of your love, babe*. Es ist der 14. Februar und im Seattle-Aquarium findet ein Blind Date statt.

Tausende Besucher, darunter Busladungen voller Schulkinder, kommen in Scharen zum Aquarium – um zu sehen, was passiert, wenn 16 Arme, 3200 Saugnäpfe und große Mengen an natürlichem Gleitmittel zusammenkommen, wenn ein männlicher und weiblicher Pazifischer Riesenkrake in denselben Tank gesteckt werden.

»Sie paaren sich am Valentinstag?«, fragt ein Besucher. »Woher wissen sie, dass Valentinstag ist?«

»Sie tun es? Wo ist der andere?«, fragt sich eine andere Besucherin. Ihr ist nicht bewusst, dass sie nicht einen Oktopus sieht, sondern zwei, die genüsslich die typische Paarungsposition für diese Art eingenommen haben. Das Männchen bedeckt das Weibchen mit seinen Armen, seinem Netz und seinem taschenförmigen Mantel und platziert mit seinem dritten rechten Arm, dem Hectocotylus, sein Spermienpaket in ihre Mantelhöhle – dieselbe Öffnung, mit der Oktopusse Wasser inhalieren, um ihre Kiemen mit Sauerstoff zu versorgen. Aristoteles beschrieb den Vorgang (nicht ganz verkehrt), indem er erklärte, dass das Männchen »eine Art Penis auf einem seiner Tentakel [hat] …, der ihm den Zugang ins Nasenloch des Weibchens ermöglicht.«

Ein Taucher leuchtet einen Pazifischen Riesenkraken an.

Vorhergehende Seiten: Diesem Gewöhnlichen Kraken im Mittelmeer scheint ein Schriftbarsch, *(Serranus scriba)*, zu folgen.

»Lustig, wenn man bedenkt, dass sie kommen, um zu sehen, wie sich zwei Tiere paaren«, sagt die Chefbiologin der Abteilung für Wirbellose des Zoos, Kathryn Kegel. Man vermutet, dass sich die meisten Oktopusarten gegen Ende ihres Lebens paaren. Weibchen legen 100 000 Eier ab, bewachen und reinigen sie für etwa sechs Monate und sterben, kurz nachdem die Jungen geschlüpft sind.

Der Paarungsakt kann riskant sein – manchmal wird aus dem Blind Date ein Dinner Date, bei dem ein Oktopus den anderen auffrisst. Nach einem Jahr im Aquarium tötete das Weibchen das Männchen und begann, es zu fressen – allerdings erst nach der Paarung und nicht vor Publikum. Daraufhin wurde das jährliche Blind-Date-Event 2016 abgeschafft, obwohl es zwölf Jahre lang sehr beliebt war.

Es ist jedoch nicht die Gefangenschaft an sich, die den Kannibalismus verursacht. Auch der offene Ozean ist kein Garant für Sicherheit. Bei einem Tauchgang vor Palau, Mikronesien, beobachtete Roger Hanlon ein Riesenkrakenweibchen, das von einem halb so großen Männchen verfolgt wurde. Es folgte dem Weibchen länger als drei Stunden und 69 Meter weit, während sie nach Futter suchte. Es »wich zurück, sobald das Weibchen sich auf ihn zubewegte«, berichtete er. Das kleine Männchen war sich eindeutig der Gefahr bewusst, ließ sich aber nicht abschrecken und paarte sich 13-mal mit ihr, was jeweils durchschnittlich sechs Minuten dauerte, nie länger als eine halbe Stunde und immer in sicherem Abstand.

»Paarung auf Entfernung« ist die Safer-Sex-Version des männlichen Großen Blauen Kraken. Er bewegt sich so weit wie möglich in die entgegengesetzte Richtung und streckt nur seinen dritten rechten Arm aus, um das große Spermienpaket von seinem Mantel in ihren zu befördern. Diese Strategie gibt ihm die größtmögliche Chance zur Flucht, falls nötig. (Und wenn sie ihm den Hectocotylus abbeißt, kann er sich wenigstens einen neuen wachsen lassen.)

Roger Hanlons Männchen hatte leider nicht so viel Glück. Beim 13. Stelldichein drehte sich das Weibchen abrupt zu ihrem Liebhaber um und hüllte ihn mit ihrem Gewebe ein,wobei das Männchen »zappelte und Tinte spritzte, während sie es festhielt«, erinnert sich der Wissenschaftler. Sie fraß zwei Tage lang an ihrem Partner.

Das Verspeisen von Artgenossen ist nicht auf sexuelle Kontexte begrenzt. Im Meer vor Alaska brachte Forscher David Scheel ein Funkpeilgerät an einem fünf Kilogramm schweren Pazifischen Riesenkraken an. Am nächsten Tag folgte er dem Signal – und kam zu einem völlig anderen, 16 Kilo schweren Oktopus ohne Sender. Wieso piepste der? Weil er den kleineren Oktopus, dessen Ortungsgerät noch einwandfrei funktionierte, gefressen hatte.

Kannibalismus ist bei vielen Arten wohlbekannt, auch bei Menschen (ein chinesisches Kochbuch aus dem 12. Jahrhundert beinhaltet Rezepte für Menschenfleisch). Und doch, vielleicht, weil in der akademischen Welt verpönt, wird das Essen eines Artgenossen als Tiefpunkt sozialen Verhaltens angesehen. Ihre Neigung, sich gegenseitig zu fressen, plus die Tatsache, dass Forscher selten von mehreren Oktopussen zusammen berichtet hatten, festigte wohl die Ansicht, dass diese Tiere Einzelgänger sind.

Jahrzehntelang war das ein akzeptiertes wissenschaftliches Dogma: Nur Paarung oder Kannibalismus bringt Oktopusse zusammen. Anders als bei vielen Vögeln, Säugetieren und Fischen gab es keine Berichte von in Gruppen zusammenlebenden Oktopussen oder komplexen Paarungsstrategien, keine Beschreibungen sozialer Fähigkeiten und keine Berichte darüber, dass sie mit anderen Tieren Umgang haben – außer, um sie zu fressen. Aber immer mehr Oktopusarten und immer mehr Orte, Taucher und Forscher widerlegen diese Annahme als geradezu haarsträubend falsch.

ALS DOKTORANDIN AN der University of California in Berkeley, hatte Christine Huffard die Geschichten schon gehört: Oktopusse sind Einzelgänger.

Paarung findet nur statt, wenn Männchen und Weibchen sich zufällig begegnen. Wenn alles gut läuft, geht danach jeder seiner Wege; wenn nicht, wird einer von beiden gefressen.

Doch bei ihren Feldstudien in Sulawesi, Indonesien, beobachtete sie etwas ganz anderes. Beim Schnorcheln und Waten direkt vor dem Strand zählte Huffard 167 verschiedene Algen-Oktopusse. Und sie zeigten ihr ein Sozialverhalten wie aus einer Seifenoper.

Die Männchen schienen aktiv und nicht zufällig bestimmte Weibchen auszusuchen und ließen oft sogar Mahlzeiten aus, um ihnen zu folgen. Wenn sie sich mit diesen paarten und sie verteidigten, zeigten sie ihr auffälligstes Muster schwarz-weißer Streifen und richteten frech die Papillen über ihren Augen auf. Und bei der Auswahl einer Partnerin hatten zumindest manche Oktopusse Favoriten.

Christine Huffard bemerkte mehrfach, wie sich ein großer männlicher Oktopus wiederholt ein bestimmtes Weibchen aussuchte – und das Paar über mehrere Tage zusammenblieb. Manchmal baute sich ein Paar sogar Verstecke nebeneinander, höchstens 60 Zentimeter voneinander entfernt. Das war oft nah genug, dass das Männchen seinen Hectocotylus (der sich auf das Doppelte seiner Ruhelänge ausdehnen kann) aus der Behaglichkeit seines Baus in seine Nachbarin strecken konnte und die beiden sich so paarten, ohne das Haus zu verlassen. Fand gerade keine Paarung statt, stand das Männchen oft am Eingang seines Baus und bewachte seine Partnerin.

Und wenn ein zweites, kleineres Männchen zu diesem Weibchen wollte, tat er seinen Unmut kund. Er stürzte auf den Eindringling zu, wobei der Kontrast zwischen seinen hellen und dunklen Streifen stärker wurde. Das Signal war klar: Bleib weg! Fuhr das kleinere Männchen mit seiner Annäherung fort, so berichtete Christine Huffard, griff das bewachende Männchen es an und kämpfte mit ihm. »Die großen Männchen verjagten immer die kleineren«, beobachtete sie. Ein paarmal, bemerkte sie, hielt ein bewachendes Männchen das Trichterende des Rivalen oder umschloss dessen Mantelöffnung über den Kiemen und versuchte so, es zu ersticken.

Diese Paare waren jedoch auch anderen Partnern nicht abgeneigt. Huffard beobachtete, dass sowohl Männchen als auch Weibchen sich auf gelegentlichen Alleingängen mit anderen paarten. Doch sie kehrten danach zu ihren Paarverstecken zurück – und zu ihrem Partner nebenan.

Wenn die bewachenden Männchen nicht zusahen, erhielten »ihre« Weibchen manchmal Herrenbesuch. Bei drei Gelegenheiten dokumentierte die Forscherin die Bemühungen von »Schleichmännchen«, wie sie sie nennt. In absolut perfekter Tarnung presste sich ein kleineres Männchen flach auf den Meeresboden und kroch heimlich zum Bau des bewachten Weibchens. Während es seinen Körper größtenteils hinter Felsen vor dem Bewacher versteckte, verlängerte es seinen Paarungsarm und streckte ihn zu ihr hinein.

Dieser Algen-Oktopus, *(Abdopus aculeatus)*, hat gerade eine Tintenwolke ausgestoßen. Forscher haben in Oktopusfossilien mehr als 300 Millionen Jahre alte Tintensäcke entdeckt.

Christine Huffard berichtete 2005 in ihrer Doktorarbeit darüber und beschrieb es als »das komplexeste bisher beobachtete Paarungsverhalten jeglicher Oktopusart«.

Mittlerweile jedoch, räumt sie ein, ist bekannt, dass bei einer anderen Art rund 30 Jahre zuvor ein noch unerwarteteres Sozialverhalten dokumentiert worden war. Doch nahezu niemand wusste davon.

In den 1970er-Jahren beobachtete der aus Panama stammende Biologe Arcadio Rodaniche schöne, bis dato der Wissenschaft nicht bekannte und noch nicht benannte Oktopusse. Sie haben einen nur fünf bis acht Zentimeter langen Mantel und können ihre Farbe von einem dunklen Rotbraun zu einer auffälligen Kombination schwarz-weißer Streifen über einem Nachthimmel mit hellen Sternen ändern, ein so markantes Muster, dass der Forscher die neue Art »Harlekin-Oktopus« taufte. In den trüben Tidengewässern vor der Küste Nicaraguas fing Rodaniche Dutzende der Tiere ein und zog sie in einem Salzwasserpool am Smithsonian Tropical Research Institute in Panama groß. Was sie dort taten, widersprach allem damals und für die kommenden Jahrzehnte Bekannten über das Sozialverhalten von Oktopussen.

Sie paarten sich nicht mit Abstand voneinander, sondern in der zärtlichsten und verletzlichsten vorstellbaren Position: Schnabel an Schnabel, Saugnapf an Saugnapf. Einige Paare teilten sich Bauten. Manchmal lebten mehr als 40 Tiere in Gruppen nebeneinander. Und während bei den meisten anderen Arten die Weibchen ein Gelege ablegen und dann sterben, wenn die Jungen schlüpfen, zogen die Harlekin-Weibchen zwei Jahre lang eine Brut nach der anderen groß.

Rodaniches Beobachtungen »waren so jenseits der Norm dessen, was Biologen zu dem Zeitpunkt über das Verhalten von Oktopussen dachten«, erläutert Roy Caldwell, Meeresbiologe an der University of California in Berkeley, dass »sie nicht ernst genommen wurden«. Christine Huffard hat die handschriftlichen Kommentare zu dem Artikel gesehen. »Die Gutachter waren gemein«, sagt sie. »Sie schätzten die Beobachtungen als ungültig und ihn als nicht qualifiziert ein. Und zu der Zeit galten Oktopusse bei Zeitungen als nicht so interessant – wieso also sich die Mühe machen und den Artikel veröffentlichen?«

Die neue Spezies wurde ignoriert und 25 Jahre lang kein weiteres Exemplar gesichtet. 2012 erhielt Richard Ross, leitender Biologe in San Franciscos Steinhart-Aquarium, Harlekin-Exemplare von Sammlern, und gemeinsam mit Roy Caldwell dokumentierte und bestätigte er viele von Rodaniches verblüffenden Beobachtungen. In Gefangenschaft teilte sich ein Pärchen sogar eine Mahlzeit. Die beiden Oktopusse hielten höflich einen Shrimp gemeinsam fest und konsumierten ihn Schnabel an Schnabel, ein bisschen wie bei der romantischen Spaghetti-Szene in *Susi und Strolch*. Der rehabilitierte Rodaniche schloss sich mit Caldwell, Ross und Huffard zusammen, um diese Verhaltensweisen zu veröffentlichen. Er starb 2016.

Mittlerweile ist das Tier unter der Bezeichnung Größerer Pazifischer Streifenoktopus bekannt, die binäre Nomenklatur steht noch aus. Ross beschreibt die schillernden kleinen Geschöpfe als »die coolsten Dinge auf dem Planeten«.

Ist die Geselligkeit dieser Art einzigartig? Scheinbar nicht. Untersuchungen einer verwandten, irritierenderweise Kleinerer Pazifischer Streifenoktopus *(Octopus chierchiae)* genannten Art zeigen, dass sie viele gleiche Verhaltensweisen aufweisen. Ebenso eine noch geheimnisvollere japanische Art, *Octopus laqueus*, von deren Existenz erstmals 2005 berichtet wurde. Sie hat noch keinen allgemeinsprachlichen Namen, und bisher wurde kein ausführlicher wissenschaftlicher Bericht auf Englisch über sie veröffentlicht. Es wurde beobachtet, dass Männchen und Weibchen Höhlen teilten. »Es gibt noch furchtbar viel zu lernen«, sagt Christine Huffard. Denn selbst Oktopusarten, von denen man dachte, sie wären gut erforscht, überraschen uns immer wieder.

Folgende Seiten: Die Paarung zweier Pazifischer Riesenkraken. Das graue Weibchen ist größer als das rote Männchen.

ES KLINGT WIE IM MÄRCHEN: 18 Meter tief auf dem sandigen Grund des Ozeans, in Gewässern, die bei Sonnenschein so grün leuchten wie die Smaragdstadt im *Zauberer von Oz*, gibt es eine betriebsame Metropole. Ihre Bürger bringen Essen heim, pflegen ihr Zuhause, erleben Romanzen, setzen sich mit Diebstählen und Intrigen auseinander. Es gibt sogar nachbarschaftlichen Klatsch und Tratsch. Und der Ort wird ausschließlich von … Oktopussen bewohnt.

Ein versierter australischer Taucher, Matthew Lawrence, entdeckte 2009 einen solchen Ort in Jervis Bay vor der Ostküste Australiens. Der Boden ist über und über mit Muschelschalen bedeckt, die um ein fußgroßes Stück versunkenes Metall aufgeschichtet sind. Bis zu 16 Oktopusse haben sich hier häuslich eingerichtet.

Sie sind alle Gewöhnliche Sydney-Oktopusse – eine Art, von der man dachte, dass sie einzeln lebt. Peter Godfrey-Smith, passionierter Taucher und Philosophieprofessor mit doppelter Professur in New York und Sydney, erfuhr online von dem Ort. Er war neugierig: Was war da los? Er und Lawrence tauchten gemeinsam hinab, um die Bürger dieser »Oktopusstadt« zu beobachten. Sie nannten sie Octopolis.

Manchmal war dort eine so rege Aktivität, dass es Godfrey-Smith vorkam wie ein »Chaos mit multiplen Armen«. Viele Oktopusse glitten gleichzeitig über das Schalenbett. Sie kehrten mit Nahrung heim, brachten den Müll raus (entfernten mit ihren Armen Essensreste aus ihrem Unterschlupf und benutzten manchmal ihre Trichter wie Laubbläser, um den Eingang zu säubern), und gelegentlich saßen sie einfach nur vor ihren Bauten, wie Leute, die auf ihrer Veranda sitzen und das Kommen und Gehen ihrer Nachbarn beobachten, und wechselten die Farbe.

Oktopusse jagten einander. Sie kämpften. Hin und wieder schienen sie die Arme zum »High Five« zu heben, fast wie eine Begrüßung. Dann wieder, dem Anschein nach wütend, warfen sie armweise Muscheln zu ihren Nachbarn – und manchmal erreichten diese Projektile ihr Ziel. (Diese Erkenntnis war so unerwartet, dass die ersten drei Zeitschriften, an die sich das Team für die Veröffentlichung wandte, ihren Artikel ablehnten. Er wurde schließlich 2022 im Journal *PLOS One* abgedruckt.)

Nachdem sie sich den Verhaltensforscher David Scheel aus Alaska ins Team geholt hatten, filmten sie Interaktionen der Tiere – sowohl persönlich auf Tauchgängen als auch mit auf Stativen installierten GoPro-Kameras.

Darauf war häufig zu sehen, wie die Oktopusse versuchten (manchmal mit Erfolg), eine GoPro mitzuschleifen. Einmal fing ein Video ein, wie ein Oktopus versuchte, einem anderen eine GoPro zu stehlen. Als die Kameras gut genug befestigt waren, um das Verhalten der Tiere aufzunehmen, zeigten sich faszinierende Verhaltensmuster.

Anhand von Merkmalen wie Narben und Bisswunden lernten die Forscher, etwa ein Drittel der Tiere zu unterscheiden. Es schien, als würden auch die Oktopusse einander erkennen. In einem bemerkenswerten Moment sah ein Oktopusweibchen, das seinen Bau neben einem bestimmten Männchen hatte, wie sich ein anderes Männchen näherte. Das Weibchen verließ sein Versteck, rang mit dem männlichen Rivalen und kehrte nach Hause zurück. Das Männchen jedoch drang nebenan ein und vertrieb den Bewohner. Das Weibchen griff ihn an. Die beiden kämpften und die Forscher sahen, wie einer ihrer Arme versuchte, unter seinem Mantel die Kiemenöffnung zu finden – »ein tödlicher Griff«, bemerkt Scheel. Der männliche Rivale zog sich zurück. Bald kehrte auch ihr Nachbar in sein rechtmäßiges Zuhause zurück. Die beiden balgten sich kurz, und dann ließen sie sich wie zuvor wieder in ihren benachbarten Bauten nieder. Scheel erzählt in seinem 2023 erschienenen Buch *Many Things Under a Rock: The Mysteries of Octopuses* davon.

Das Weibchen konnte die beiden eindeutig unterscheiden, schreibt er, auch wenn nicht klar war, ob optisch, durch chemische Hinweise oder eine andere Methode. Das Resultat dieser Interaktion lässt darauf schließen, dass das Weibchen sich an frühere Begegnungen mit beiden erinnerte, vermutet Scheel, »und glaubte, dass der eine Probleme macht und der andere ein angenehmer Nachbar ist«.

In Octopolis gibt es viele soziale Beziehungen und Interaktionen, und es scheint, als würde ein bestimmter Oktopus – immer ein großes Männchen – über sie alle wachen. David Scheel beschreibt sein Verhalten, das er in vielen ähnlichen Situationen auf Video gesehen hat. In diesem Fall »verließ ein anderes Weibchen seinen Bau fast in der Mitte der Muschelbank und begab sich zum Rand. Das Männchen bewegte sich zu ihm hin, wollte ihm aber nicht weiter folgen. [Aber] ein paar Minuten später näherte sich ein Oktopus, der erfolgreich auf Nahrungssuche gewesen war … Das große Männchen geriet in Alarmbereitschaft, hob seine Augen und wurde dunkel. Dann stand es aufrecht auf seinen Armen, wobei sich sein Mantel anhob.« Er und das Weibchen berührten sich, er wurde heller und begleitete sie zu ihrem Schlupfloch zurück. Beim nächsten Ankömmling an der Muschelbank verhielt sich das große Männchen genauso.

Anders ausgedrückt, schreibt Scheel, dieser spezielle Oktopus »passte auf jeden Oktopus auf, der sich bewegte«. Scheel nennt diesen Oktopus den Quidnunc – eine Bezeichnung für ein Klatschmaul oder einen Wichtigtuer, erstmals verwendet 1709 von Sir Richard Steele in seiner berühmten Zeitschrift *The Tatler*. Der Quidnunc ist von allen Oktopussen in Octopolis »der Aktivste. Es ist, als würde er all den Klatsch sammeln, sich fragen: ›Was nun?‹, wenn sich ein Oktopus in seinem Bau bewegt, oder ›Wer ist das?‹, wenn einer zurückkommt«, schreibt Scheel. In den vielen Jahren, in denen das Team die Stelle besucht hat, gibt es immer einen Oktopus, der diese Rolle innehat, aber wegen ihrer kurzen Lebensspanne ist es nicht immer derselbe. Doch einer ist immer der Quidnunc.

Ein Weibchen der Art *Octopus insularis* schaut aus seinem Gelege hervor.

Eine Paarungsszene mitten in den überall verstreut liegenden Muschelschalen von Octopolis, unweit der australischen Küste.

Weshalb sollte es einen solchen Posten geben? Wieso sollte die Fähigkeit, sich bestimmte Oktopusse zu merken und sie wiederzuerkennen, in Octopolis wichtig sein, aber nicht an anderen Orten, wo dieselbe Art lebt?

Godfrey-Smith merkt an, dass Octopolis eine sehr anziehende Stätte für Gewöhnliche Sydney-Oktopusse ist. Dem ersten bot das Metallobjekt unter der Muschelbank (das vielleicht vor langer Zeit von einem Frachter heruntergefallen war) ein seltenes Gut: eine schützende Abdeckung für ein Versteck, das größere Sicherheit bot als ein einfaches Loch im Sand. Andere umherziehende Oktopusse bemerkten die Vorteile dieses Fleckchens ebenfalls. Die Muschelschalen, die sich drumherum anhäuften – Überreste der Nahrung, die der Gründungs-Oktopus zu sich nahm –, vergrößerten die Stelle. Muscheln bieten stabilere Verstecke als Sand. Das lockte mehr Oktopusse an, die ihrerseits Schalen auftürmten, was wiederum mehr Oktopusse herbeilockte, und so weiter.

Octopolis wurde wie viele mächtige Städte an einem tollen Ort gegründet. Die nahe Muschelbank bot jede Menge Nahrung. Das Metalldach schützte vor Robben, Delfinen und Haien. Die Muscheln bildeten einen stabilen Untergrund. Octopolis erwies sich als »sichere Insel in einer gefährlichen Gegend«, sagt Peter Godfrey-Smith. Aber das Leben in der »Stadt« bringt mit sich, viele unmittelbare Nachbarn zu haben. Und so mussten die intelligenten und einsichtigen Oktopusse sich arrangieren, um miteinander auszukommen.

Nicht zum ersten Mal war eine seltene Ressource Anlass für eine ungewöhnliche Koexistenz. Als die Schriftstellerin Elizabeth Marshall Thomas in den 1950er-Jahren beim namibischen Volk der San lebte, wurde ihr schnell klar, dass die San die Löwen nicht fürchteten. Auch die Löwen fühlten sich von den Menschen nicht gestört. Anders als überall sonst in Afrika, wo sie sich regelmäßig gegenseitig töten, »hatten Menschen und Löwen einen Waffenstillstand vereinbart«, beobachtete sie. Sie wusste auch warum: Sie teilten sich das in der Wüste rare Wasser. Die Menschen besuchten die Wasserlöcher bei Tag, die Löwen nachts. Die Waffenruhe ermöglichte diesen Geschöpfen, die anderswo Feinde waren, harmonisch nebeneinander zu leben, sodass beide eine essenzielle Ressource sicher nutzen konnten.

Die Oktopus-Community in Octopolis ist nicht die einzige dieser Art. 2017 entdeckte das Forscherteam nicht weit von Octopolis in Jervis Bay eine weitere Ansammlung von Sydney-Oktopussen, die sie Octlantis nannten.

DIE WELTWEIT ETWA 300 Oktopusarten (bisher) sind wahrscheinlich ebenso unterschiedlich wie die über 400 Primatenarten der Welt. Der Größere Pazifische Streifenoktopus zum Beispiel und der Pazifische Riesenkrake unterscheiden sich ebenso voneinander wie ein auf dem Baum lebendes, 369 Gramm leichtes Pinseläffchen von einem Menschen. Niemand erwartet, dass alle Arten sich gleich verhalten. Es ist wissenschaftlich belegt, dass Algen-Oktopusse ihre Partnerinnen sorgfältig auswählen, aber Blaugeringelte Kraken offenbar nicht. Tatsächlich wurde beobachtet, wie sie Spermienpakete wie Minzbonbons nach einem Abendessen verteilten, an Männchen wie Weibchen gleichermaßen.

Selbst nah verwandte Arten können sich auffallend anders verhalten. Die DNA von Gorillas und Orang-Utans unterscheidet sich nur zu zwei Prozent. Trotzdem leben Gorillas in engen Familienverbänden von fünf bis zehn Tieren zusammen, manchmal bis zu 50, während – abgesehen von gelegentlichen Paarungen oder einer Mutter, die mit ihrem Baby unterwegs ist – Orang-Utans für gewöhnlich allein leben.

Unterschiedliche Umstände können unterschiedliches Verhalten auch innerhalb einer Art erzeugen. In Australien hat Christine Huffard nie gesehen, dass sich ein Algen-Oktopus gesellig verhielt. In den meisten Gebieten scheint es, als würde der Sydney-Oktopus nicht wie in Octopolis und Octlantis mit anderen in Kontakt treten. Aber auch Menschen verhalten sich auf dem Land anders als in der Stadt. In einem ländlichen Gebiet erwartet man nicht, dass jemand ein Taxi ruft oder U-Bahn fährt – ebenso wie man in New York City keine Menschen auf Traktoren erwartet.

Nur weil Oktopusse an einem Ort ein bestimmtes Verhalten zeigen, heißt das nicht, dass sich alle überall so verhalten. Das versetzt Wissenschaftler in eine vertraute Lage: Die Welt ist komplexer als gedacht. Wir müssen genauer hinsehen. »Wir müssen mehr forschen«, sagt Alex Schnell. »Wir brauchen mehr Experimente, mehr Feldarbeit, mehr Leute da draußen, die etwas beobachten.« Und nicht nur Meereswissenschaftler und -verhaltensforscher. Jeder mit guten Augen und offenem Verstand kann einen wichtigen Beitrag leisten. Auch ein Grundschulkind.

Rehan Somaweera ist so ein Kind.

MIT SEINEM VATER, dem Ökologen Dr. Ru Somaweera, schnorchelte Rehan immer gern im seichten Riff vor seinem Heimatort Perth in Australien. Anders als ein tropisches Korallenriff besteht der Boden hier hauptsächlich aus algenbewachsenen Felsbrocken und Schwämmen, und es tummeln sich mehr als 100 Fischarten, vom niedlichen Fingerflosser zur Meerbarbe, vom Segelflosser zum Orangeflecken-Lippfisch. Doch Rehans Lieblings-Riffbewohner war eine erst kürzlich vom Sydney-Oktopus unterschiedene Art, die den allgemeinsprachlichen Namen Sternoktopus und den wissenschaftlichen *Octopus djinda* erhielt, nach dem Wort des dort ansässigen Volks der Nyoongar für »leuchtend«.

»Sie sind neugierig. Sie sind völlig anders als jedes andere Meeresgeschöpf«, sagt Rehan. »Manchmal kommen sie zu deiner Hand und greifen nach dir. Wenn ich beim Schnorcheln einen Oktopus sehe, schaue ich immer genauer hin.«

Der Junge stellte oft fest, dass ein Oktopus ihm erlaubte, mit ihm zu kommen, wenn er auf Beutefang ging. Eines Tages, als der Oktopus, den er begleitete, seine Arme in Felsspalten steckte, um Schnecken zu jagen, fiel Rehan etwas Merkwürdiges auf: Er war nicht der Einzige, der dem Oktopus folgte. Die gesamten 15 Minuten, die sie zusammen verbracht hatten, war ihm auch ein Orangeflecken-Lippfisch gefolgt. Für Rehan war klar, wieso: »Der Oktopus scheucht beim Schwimmen die kleinen Tiere am Boden auf«, sagt er. Eine Wolke kleiner Wirbelloser huschte aus dem Weg – und die Fische schlürften sie auf.

Obwohl er »das irgendwie cool fand«, erzählte er seinem Vater nichts davon. Aber in den folgenden Wochen des gemeinsamen Schnorchelns »passierte das immer wieder«, erklärt er. Sieben- oder achtmal, an verschiedenen Stellen. »Das kam sehr oft vor, aber ich dachte nicht, dass das eine große Entdeckung

---

FOLGENDE SEITEN: Ein Kokosnuss-Oktopus, *(Amphioctopus marginatus)*, patrouilliert auf dem Meeresgrund mit einer Ladung schützender Schalen.

ist.« Doch schließlich erwähnte er seinem Vater gegenüber, was er beobachtet hatte.

Vater Somaweera, international anerkannter Reptilienexperte, hielt die Beobachtungen seines Sohnes für interessant. Und nachdem er dieses Verhalten einmal selbst gesehen hatte, wusste er, dass es eine detaillierte Nachforschung wert war.

Bei seinen Recherchen fand Somaweera andere bestätigte Vorfälle, bei denen Fische und Oktopusse in unmittelbarer Nähe zueinander gejagt hatten. Jennifer Mather, Roger Hanlon und andere haben Fische dokumentiert – manchmal mehrere Fischarten gleichzeitig –, die Großen Blauen oder Gewöhnlichen Kraken folgten und die von ihrem Kopffüßerkumpel aufgeschreckten Tiere verspeisten.

2013 veröffentlichte ein schweizerisch-englisches Forscherteam Beobachtungen noch komplexerer und beeindruckender Verhaltensweisen. Schnelle Juwelen-Zackenbarsche suchen einen nahen Großen Blauen Kraken auf und fordern seine Hilfe – der erste dokumentierte Vorfall gemeinsamen Jagens zwischen einem Wirbeltier und einem Wirbellosen. Diese Kooperation wurde filmisch in *Secrets of the Octopus* festgehalten: Der Fisch zeigt dem Oktopus mit gesenktem Kopf durch ein Kopfschütteln, wo die Beute ist – der bedankt sich mit einem kurzen weißen Aufleuchten auf seinem Kopf und begibt sich dann an die gezeigte Stelle. Afrikanische Honigdachse und Vögel namens Honiganzeiger gehen auch so vor: Der Vogel führt den Dachs zu einer Honigwabe, die der Dachs mit starken Pfoten öffnet, sodass beide den Honig und die proteinreichen Larven im Innern genießen können. Andere Erdbewohner, darunter Wölfe und Krähen, amerikanische Dachse und Kojoten, schließen sich für die Beutejagd ebenfalls zusammen.

Sieben Jahre bevor er und seine Kollegen von der Oktopus-Barsch-Allianz berichteten, hatte der Schweizer Forscher Redouan Bshary dokumentiert, wie Zackenbarsche wendige Muränen rekrutierten, um Zugang zu versteckter Beute zu erhalten – das war das erste Mal, dass kooperatives Jagen bei Fischen nachgewiesen wurde. Wie der Juwelen-Zackenbarsch mit dem Großen Blauen

Der Sternoktopus, *(Octopus djinda)*, wurde erst 2021 als eigene Art klassifiziert.

Kraken näherten sich die Zackenbarsche den Muränen mit einer eindeutigen Bewegung, schwammen an die Stelle, wo sich die gewünschte Beute versteckte, und zeigten mit einem Kopfstand darauf.

Solche Partnerschaften können für Oktopusse so wichtig sein, dass sie sichtbar frustriert sind, wenn etwas schiefgeht. Ein 2020 veröffentlichtes Video wurde zur viralen Sensation, weil es einen Großen Blauen Kraken auf der gemeinsamen Jagd mit einer Seebarbe zeigt, als der Krake plötzlich ausholt und die Seebarbe schlägt. Vielleicht hat sie ihren Job nicht gut gemacht, sodass er verärgert war. Oder er hinterging seine Partnerin. Ob der Fisch einen Schlag bekam, weil er nachlässig wurde, oder ob der Oktopus seinen Kumpel gierig zur Seite schubste, um ihm die Mahlzeit zu stehlen, konnten die Forscher nicht erkennen. Aber das Team dokumentierte sieben weitere Fälle, bei denen Oktopusse ihren Fischpartnern Ohrfeigen gaben.

Zurück in Australien beschloss das Vater-Sohn-Team Somaweera, Rehans Beobachtungen weiter zu erforschen. Rehans Vater schenkte ihm eine Unterwasser-Schreibtafel und eine Taucheruhr, damit er seine Erkenntnisse festhalten konnte. Zwischen März 2020 und Februar 2021 dokumentierten sie an verschiedenen Orten acht Mal, wie Lippfische Oktopusse auf Nahrungsexpeditionen begleiteten.

Sie beobachteten genau, was die beiden jeweils taten. Rehan stellte fest, dass »der Fisch den Oktopus nicht störte; er stahl ihm nicht die Beute.« Er fraß die kleineren Tiere – Tiere, die »im Weg waren«. Im Grunde fraß er den Beifang des Oktopus.

Was Rehan gesehen hatte, sagte sein Vater, könnte eine »gemeinsame Sache« gewesen sein. Sicherlich gab es schon früher solche Verbindungen, wieder und wieder, vor den Augen von Hunderten oder gar Tausenden anderer Schnorchler und Taucher, doch bisher hatte niemand davon Notiz genommen. »Der Oktopus ist so faszinierend«, sagt Rehan, »da hat wahrscheinlich keiner auf den Fisch geachtet.« Das Team konnte nicht erkennen, welchen Nutzen umgekehrt der Oktopus von dem Lippfisch hat – hat aber vor, weitere Nachforschungen anzustellen. Vielleicht, vermutet Vater Somaweera, hält der Lippfisch nach Feinden Ausschau, während der Oktopus Beute sucht.

Sohn Rehan notierte seine Beobachtungen und die jeweilige Uhrzeit. Er verfasste auch einen ersten Entwurf eines wissenschaftlichen Artikels. Zugegebenermaßen »veränderte und aktualisierte« sein Vater einiges. Aber der Zehnjährige wird als Co-Autor des Artikels genannt, der im Juli 2021 im angesehenen *Journal Marine and Freshwater Research* erschienen ist, veröffentlicht von der in Australien für wissenschaftliche Forschung zuständigen staatlichen Behörde.

Gemäß den Richtlinien nennt der erste Autor seine Arbeitgeber: Stantec Australia, wo er als leitender Wissenschaftler tätig ist, und die University of Western Australia, die ihn als außerordentlichen Forschungsbeauftragten beschäftigt. Auch der Arbeitgeber des zweiten Autors wird genannt: Woodlands Primary School, wo Rehan die fünfte Klasse besucht.

IN DEN KALTEN GEWÄSSERN nahe ihres Zuhauses auf Vancouver Island, Kanada, absolvierte Krystal Janicki ihre ersten 60 Tauchgänge, ohne jemals einen Oktopus zu Gesicht zu bekommen. Als sie vor sechs Jahren im Alter von 29 schließlich den ersten sah, brauchte ihr schwerer Atem fast ihren Sauerstoffvorrat auf.

Ihr Team erforschte ein Schiffswrack, als es einem ausgewachsenen Pazifischen Riesenkraken begegnete. Das eineinhalb Meter lange Tier streckte einen langen roten Arm mit Saugnäpfen aus, kroch auf den Arm eines Tauchers und hockte sich schließlich auf seine Schulter. Janicki war zuerst entsetzt. »Ich dachte nur, dass sie furchterregende, gefährliche Geschöpfe sind«, sagte sie. Als sie wieder auftauchten, hatte sie viele Fragen – die erste war: »Wieso hat dieser Oktopus dich berührt?«

Zu sehen, wie er einen Menschen berührte, sagt sie, »hat mich begeistert. Ich wollte alles wissen. Irgendwie ist der Funke übergesprungen.«

Wissenschaftliche Durchbrüche beginnen oft mit einem Moment der Verbindung. Bei Sylvia de Souza Medeiros während einer Biologie-Praxisstunde, als ihr ein Oktopus folgte, seine Farbe änderte und nach ihrem Zollstock griff. Bei Christine Schnell geschah es, als sie fünf war und nach Seesternen und Muscheln suchte. Seit er drei war, hat Rehan Somaweera einen Großteil seines Lebens im Ozean verbracht und die Geschöpfe um sich herum ins Herz geschlossen. Besonders den Kraken, der den Arm nach ihm ausstreckte.

Wenn wir uns einem Oktopus gegenübersehen, freuen wir uns, ein Wesen zu treffen, das so anders ist als wir. Mit ihren drei Herzen, ihrem blauen Blut

Folgende Seiten: Ein Maori-Krake, *(Macroctopus maorum)*, trifft bei Maria Island vor Tasmanien auf eine Ansammlung von Riesenkrabben.

und Armen, die jagen können, auch wenn sie vom Körper abgetrennt sind, scheinen sie nicht von dieser Welt zu sein. Dennoch spüren wir auch Gemeinsamkeiten. Ihre Augen ähneln menschlichen Augen und suchen unsere; sie strecken ihre Arme nach uns aus. Unsere Gehirne sehen sehr unterschiedlich aus, können aber viele gleiche Dinge – sei es einen Deckel aufschrauben oder ein menschliches Gesicht wiedererkennen. Was können sie noch, das wir können? Was können sie, das wir nicht können?

Laut Alex Schnell müssen wir die Hybris aufgeben, zu denken, dass Säuge- oder Wirbeltiere die einzigen Wesen mit komplexen Verhaltensweisen, Intelligenz, Gedächtnis und Emotionen sind. »Niemand möchte darüber sprechen – aber jetzt sind wir dazu gezwungen«, sagt sie. »Tiere machen vielleicht nicht dieselben Erfahrungen, verarbeiten aber Informationen in einer Weise, die Denken und Fühlen erfordert. Das wurde von Elstern über Affen und Ratten bis zu Tintenfischen nachgewiesen.« Sie lehnt den Begriff »niedere Arten« ab – ist aber überzeugt, dass selbst die Tiere, die wir ignoranterweise so betiteln, »Emotionen empfinden und Erinnerungen sammeln. Es gibt mehr und mehr Beweise, die zeigen, dass wir diese Tatsache nicht außer Acht lassen können«, betont sie.

Wir müssen unsere Arroganz über Bord werfen. Wir müssen andere Meinungen mit Demut willkommen heißen. Wir müssen anerkennen, dass wir uns irren könnten.

Heute macht Krystal Janicki fast jeden Tag Oktopusse ausfindig. Spannenderweise widerlegen ihre Erfahrungen so viel von dem, was sie gelesen und geglaubt hatte.

Sie hat Pazifische Riesenkraken auf zwei ausgestreckten Gliedmaßen umherlaufen sehen wie Huffards Algen-Oktopus. Sie hat die angeblichen Einzelgänger zusammenleben sehen wie die Sydney-Oktopusse in Octopolis und Octlantis.

Nicht weit von ihrem Haus gibt es ein 8,50 Meter großes Wrack eines Segelbootes, das etwa 21 Meter tief gesunken ist und auf der Seite liegt. Sie hält sich oft dort auf. Bei ihrem ersten Tauchgang an der Stelle fanden sie und ihr

Tauchpartner neun Pazifische Riesenkraken, von denen jeder zwischen 1,80 und 3 Meter lang war, in Verstecken, die sie im Sand unter dem versunkenen Boot gegraben und ausgehoben hatten.

Sie hatten einen »Oktopus-Appartement-Komplex« gestaltet, sagt sie. Unter den Oktopussen war ein Weibchen mit einer herzförmigen Narbe auf ihrem Mantel. Ihr Versteck war direkt unter dem Bug des gesunkenen Boots, und bei jedem Tauchgang kam sie heraus, um die Besucher zu begrüßen. »Wir lagen neben ihr, nahmen unsere Handschuhe ab und spürten ihre Saugnäpfe auf unserer Hand, die sich um unsere Finger wanden«, berichtet Krystal Janicki. Ab und an fühlten sie, wie der Oktopus seine Muskeln anspannte. »Wackelpudding wurde blitzschnell zu einem kraftvollen Muskel. Es war unglaublich.«

Eines Tages war der besondere Oktopus weg. »Wir konnten uns nicht verabschieden«, sagt Janicki. Noch immer findet sie friedlich nebeneinander lebende Oktopusse in ihren Unterwasser-Appartements. Neulich zählte sie an einem Nachmittag fünf Tiere.

»Ich habe immer gelesen, dass sie allein leben«, sagt sie. »Aber hier finden wir unweit vom Strand immer mehrere auf einmal.« Südlich der Insel, nur eineinhalb Stunden entfernt, begegneten sie und ihr Tauchpartner etwa 20 Oktopussen bei einer Felsformation. »Die Wände und Felsen waren wie eine Wohnanlage für Oktopusse!«

Häufig begegnen ihr schüchterne Exemplare, doch viele scheinen überraschend freundlich zu sein. Sie kann einige Geschichten von Oktopussen erzählen, die ihre Verstecke verließen, um mit ihr zu spielen. Ein Weibchen zerrte so stark an ihrer Hand, dass Janicki sich zurückzog und fünf Schwimmzüge weiter pausierte, um eine Kamera einzusammeln, die sie vorher dort abgestellt hatte. Plötzlich saß der zwei Meter lange Pazifische Riesenkrake, ein Weibchen, auf ihr – »sie saugte nicht, noch zog oder zerrte sie«, sagt sie. »Saß einfach auf mir.« Sie dachte, die Umarmung würde ein paar Sekunden dauern. Fünf Minuten später hielt ihr Arm sie immer noch in einem festen, aber sanften Griff.

»Unsere Gesichter zeigten zueinander«, erinnert sie sich. Sie sahen sich in die Augen. Die Pupillen des Kraken vergrößerten sich. Die Chromatophoren schienen zu flattern, »leuchteten, wurden dunkler, füllten das ganze Auge aus.«

»Ihre Arme waren um mich herum, um meine Kamera, überall«, fährt Janicki fort und erinnert sich träumerisch an das Ereignis. »Ich bemerkte, dass sie ausatmete, wenn ich ausatmete.«

Sechs oder sieben Minuten vergingen. Andere Taucher machten Fotos. Aber Janicki nahm sie nicht wahr. »Ich vergaß alles andere«, gibt sie zu. »Ein Arm lag über meiner Wange und hielt meinen Kopf gegen ihren Mantel. Wir schwebten über dem Boden. Sie hielt mich mit zwei Armen. Ich fühlte ihren Atem …«

Das Gefühl der Verbundenheit war spürbar, als die beiden ausgewachsenen Weibchen – eins mit Wirbeln, eins ohne, eins aus dem Wasser, eins vom Land – sich über eine Kluft von 500 Billionen Jahren Evolution in die Augen starrten. »Das hat mich mehr bewegt als alles, was ich je zuvor mit einem Menschen oder einem Tier erlebt hatte«, sagt Krystal Janicki. »Es war eine unglaubliche Ehre. Ich werde nie vergessen, wie gewaltig das war.«

Ein Gewöhnlicher Krake scheint vor Kroatiens farbenfrohem Küstenriff zu posieren.

EPILOG

Die Fantasie beflügeln, die Herzen öffnen

Nach einem Tag mit meinen Oktopusfreunden im New-England-Aquarium fuhr ich die zwei Stunden nach Hause immer laut und fröhlich singend. Jeder Tag in ihrer Gesellschaft war wundervoll und viele waren aufschlussreich.

Zu Beginn unserer Freundschaft entpuppte sich zum Beispiel Octavia – die ausgewachsen und wild gefangen worden war und die große Weisheit der Ozeane in sich trug – als Gaunerin. Ich hatte ein paar Freunde der Radiosendung *Living on Earth* eingeladen, um sie kennenzulernen. Der Moderator, mein Freund Steve Curwood, hatte einen Produzenten und ein Tonteam mitgebracht und wir standen mit Octavias Pfleger Bill Murphy und dem ehrenamtlichen Helfer Wilson Menashi um den Tank herum. Wir fütterten sie mit Kapelanen aus einem Eimer. Sie spielte mit ihren Saugnäpfen an unseren Händen herum. Wir waren hingerissen von ihren Farbänderungen, ihrer Berührung auf unserer Haut, der trägen Art und Weise, wie das Gewebe zwischen ihren Armen seidengleich im Wasser schwebte. Wie viele Minuten waren vergangen? Wir wussten es nicht. Wir dachten, dass sie vielleicht gern noch einen Fisch hätte. An der Deckelleiste ihres Tanks suchten wir nach dem Eimer, doch der war weg. Drei von uns hatten die Hände bei ihr im Tank. Drei andere sahen ebenfalls zu. Irgendwie hatte sie den Eimer direkt vor unseren Augen gestohlen.

Dann stellten wir fest, dass sie ihn hinter sich hielt, versteckt durch das Gewebe zwischen ihren Armen. Zu unserer Überraschung fraß sie die Fische nicht.

Ein Oktopusarm wächst innerhalb von zwei bis vier Monaten nach.

Vorhergehende Seiten: Der Maori-Krake ist eine der größten Arten in den Gewässern von Neuseeland. Voll ausgestreckt messen seine Arme von einer Spitze zur anderen fast drei Meter.

Denn die waren immer noch drin. Sie war stattdessen nur an dem Eimer interessiert.

Als wir das bemerkten, ließ sie ihn los, als sei sie nun, da wir ihn gefunden hatten, gelangweilt von ihrer Beute.

Für Steve Curwood war der Fall klar: Ein Krake hatte sechs Leute ausgetrickst. »Wenn ein Oktopus klug ist«, fragte er am Mikrofon, »welche anderen Tiere da draußen könnten noch so klug sein – von denen wir nicht vermuten, dass sie empfindsam sind, Persönlichkeit und Erinnerungsvermögen haben und all das?«

Ein anderes Mal überraschte uns Kali. Die ehrenamtliche Aquariumsmitarbeiterin Christa Carceo war eine leidenschaftliche Bewunderin der Oktopusse und wollte ihrem Zwillingsbruder Danny, der an einer Entwicklungsstörung litt, einen Besuch hinter den Kulissen ermöglichen. Danny las alles über Oktopusse, was er finden konnte. Er liebte sie.

Aber er war auch misstrauisch. Er hatte im Fernsehen gesehen, wie ein hausgroßer Oktopus Menschen angriff und war nicht sicher, ob so etwas in der Realität auch passieren könnte.

Als wir also Kalis Tank öffneten, war Danny hin- und hergerissen. Kalis Kopf und drei ihrer Arme kamen aus dem Wasser, um Christa, Wilson und mich zu begrüßen. Sie saugte sich an unserer Haut fest. Danny wollte sie berühren, aber er zitterte vor Angst. Immer wenn Danny ihren Saugnapf mit einem einzelnen, zittrigen Finger berührte, zog sie sich zurück.

»Sie tut dir nichts!«, versprach Wilson. »Trau dich ruhig! Hab keine Angst!«, spornte Christa ihn an. Aber Danny konnte seine Angst nicht überwinden. Er hörte nicht auf zu zittern, und Kali mochte das nicht.

Plötzlich schoss ein Spritzer eiskaltes Salzwasser aus dem Tank, dann ein zweiter und ein dritter. Der dritte Schwall traf Danny, und nur Danny, mitten ins Gesicht.

Jemand anderes hätte sich vielleicht erschreckt und das als Beleidigung empfunden – und wäre dann kalt und nass weggegangen. Aber nicht Danny. Er sah sie nicht länger als Monster an, sondern als Spielkameradin. Jetzt wagte er es, Kali die Hand zu geben.

Der Oktopus heftete sanft fünf Saugnäpfe, dann zehn, dann vielleicht zwanzig an Dannys ausgestreckte Handfläche. »Ich glaube, sie mag mich«, sagte er. Was ging in Kali vor? Es schien eindeutig, dass sie Dannys Nervosität wahrgenommen hatte. Aber wie? Oktopusse zittern nicht wie Säugetiere vor Angst. Schmeckte sie die Angst auf seinen Fingerspitzen? Und welches Signal wollte sie mit ihren Wasserspritzern senden? War sie irritiert? Oder war das ihre Aufforderung zum Spielen? Woher wusste sie, dass Danny danach keine Angst mehr hatte?

Vielleicht wird jemand wie Alex Schnell oder C. E. O'Brien das eines Tages herausfinden. Für uns jedoch, auch als Nichtwissenschaftler, zeigte Kalis Verhalten, dass sie jeden von uns erkannte – als Individuen mit unterschiedlichen und wechselnden Verhaltensweisen und Emotionen.

AN VIELEN TAGEN geschah nichts sonderlich Außergewöhnliches im Aquarium. Außer natürlich, dass ein Oktopus mich sah, wiedererkannte, zu mir kam und, wenn ich zart seinen gelatinösen, wundersamen Körper streichelte, mich ebenso zart mit seinen Saugnäpfen festhielt und mit mir spielte.

Viele andere Menschen, die Oktopusse kennenlernen, erleben dasselbe Wunder. Adam Geiger erinnert sich: Als er die Fernsehserie *Secrets of the Octopus* filmte, arbeitete er mit einem bestimmten Großen Blauen Kraken, dem er vor Lizard Island in Australien begegnete. Er hockte auf einem Korallengebilde mit einem Spalt, der ihm als Versteck diente. »An Tag eins verbrachten wir zwei Stunden damit, uns ihm zu nähern und uns zu entfernen, um ihn an unsere Gegenwart zu gewöhnen«, sagte er. »Der Krake beobachtete uns unbewegt. An Tag zwei schwamm er weg, um zu jagen, und ließ uns ihm folgen. An Tag drei beobachtete er uns zehn Minuten und ging dann auf Beutefang. Am vierten Tag fühlte er sich nach fünf Minuten vollkommen wohl in unserer Gegenwart.« Das allein war etwas ganz Besonderes. Normalerweise brauchen Feldbiologen Monate,

Ein jugendlicher Wunderpus vor der Küste der Philippinen.

um Studientiere an ihre Gegenwart zu gewöhnen. Geiger, der sein Leben lang wilde Tiere gefilmt hat, ist im Gedächtnis geblieben, dass »speziell dieses eine Tier mich wiedererkannte und sich absolut wohl mit mir fühlte. Es kam mir vor, als würde es sich mir bewusst nähern.« Das, sagt er, war »ein unglaubliches Privileg.«

Natürlich gilt das für jedes Tier, das dich an seinem Leben teilhaben lässt. Ich liebe es immer, Zeit mit einem Tier zu verbringen, egal mit welchem: mit unserem Hund Gassi gehen. Einer Schildkröte im Teich zusehen. In einer Falknerei einen Falken bei der Jagd erleben.

Aber mit einem Oktopus zusammenzukommen, der so anders ist als wir, ist aufregend und geheimnisvoll. Es fühlt sich beinahe magisch an. Vielleicht wegen seiner Fähigkeit, Farbe und Form zu verändern. Menschen werden von Verwandlungsgeschichten angezogen. Schotten und Iren haben Legenden von Selkies, Robben, die sich an Land in Menschen verwandeln können. Im Amazonasgebiet erzählt man sich von rosa Delfinen, *encantados* genannt, verzauberten Wesen, die bei Tanzveranstaltungen Männer und Frauen verführen, ins Wasser zurückkehren und wieder ihre Delfingestalt annehmen. Die Berserker sollen wegen ihrer Fähigkeit, sich in Wölfe und Bären zu verwandeln, so effektive Kämpfer gewesen sein. In der slawischen Mythologie konnte der Gott Veles, Herrscher über Magie, Tiere und die Unterwelt, als Wolf, Schlange, Eule oder Drache erscheinen. In all diesen Geschichten übermitteln Geschöpfe, die ihre Gestalt verändern, uns einfachen Sterblichen das Wissen über andere Welten.

Das sind natürlich Mythen, keine Wissenschaft. Aber wieder und wieder, wie wir das in diesem Buch und auf dem Filmmaterial sehen, tun die ihr Äußeres verändernden Oktopusse heute genau das: Sie zeigen uns andere Welten – Welten, die sich mit unserer überlappen, aber außerhalb unseres Erfahrungshorizonts liegen.

Die neuen Erkenntnisse über Geist und Körper der Kraken haben mein Verständnis von meinen Beziehungen zu ihnen vertieft. Jetzt ahne ich, warum sie hauptsächlich mit mir Zeit verbringen wollten: Man weiß inzwischen, dass sie nicht alle Einzelgänger sind. Manche Arten können, zumindest unter gewissen Umständen, in der Gesellschaft anderer richtig aufblühen. Vielleicht war es nicht nur ein ihrer Gefangenschaft geschuldeter Irrtum, dass sie sich mit mir anfreundeten.

All diese neuen Erkenntnisse finde ich auch spannend, weil sie scheinbar mehr und mehr die Wahrheiten der alten Geschichten enthüllen: dass wir trotz aller Unterschiede miteinander verbunden sind und dass die Verbindungen zwischen allen Lebewesen sehr tiefgründig sind.

Daran müssen wir ab und zu erinnert werden. Ich besuche das Aquarium immer noch regelmäßig, und manchmal suche ich mir wie damals gern einen Platz weiter hinten, von wo aus ich die Besucher bei den Kraken beobachte und ihren Gesprächen lausche. Eines Tages kamen drei Teenie-Mädchen zu Octavia. »Igitt!«, sagte ein Mädchen, »ich wette, der fühlt sich eklig an!« Ich konnte nicht anders, als mich für meine Freundin einzusetzen. »Aber schaut mal«, warf ich ein, »habt ihr ihre Eier gesehen?«

Kurz zuvor hatte Octavia, die sich dem Ende ihres Lebens näherte, Zehntausende reiskornkleiner weißer Eier abgelegt. Eines Nachts hatte sie Unmengen von Eiersträngen produziert und mit einem Sekret aus einer Drüse in ihrem Kopf an den Wänden ihres Verstecks festgeklebt. Leider waren die Eier nicht befruchtet, denn es gab keinen männlichen Oktopus im Aquarium. Aber das wusste Octavia nicht – und so bewachte und reinigte sie sie gewissenhaft, wie eine wild lebende Oktopusmutter das auch tun würde.

Wenn Sand auf ihren perlenartigen Schätzen landete, spritzte sie sie mit Wasser ab. Sie ließ ihre Eier nie allein, auch nicht zum Fressen. Sie kam nicht mehr an die Wasseroberfläche, um mit uns zu spielen und Fisch aus unseren Händen anzunehmen – jetzt mussten wir ihre Nahrung an einem langen Metallgreifer in ihre Höhle halten.

»Es sind Tausende Eier«, erzählte ich den Mädchen. »Und sie passt so gut auf sie alle auf.« Ich zeigte ihnen, wie sie jeden Strang mit ihren Saugnäpfen berührte, so wie man ein Baby küssen würde.

Sofort veränderte sich die Haltung der jungen Besucherinnen. »Das gibt‘s doch nicht!«, sagte das Mädchen, das Octavia gerade als »eklig« bezeichnet hatte. »Voll cool!«, begeisterte sich ein anderes. Die drei blieben mehrere Minuten an Octavias Tank und sahen ihr ehrfürchtig zu, und alle machten Handyfotos von ihr. Bevor sie weitergingen, sagte eine von ihnen liebevoll zu mir: »Passen Sie gut auf diese kleine Mama auf.«

Wie gern wollte ich mich in diesem verletzlichen und intimen Moment bis zum Ende ihres zu kurzen Lebens um meine Freundin kümmern! Aber abgesehen von dem Fisch am Greifer, den wir ihr hinunterreichten, gab es wenig, das wir für sie tun konnten. Sie wollte nicht mehr mit uns interagieren. Sie hatte Wichtigeres zu tun: Sie musste ihre Eier pflegen. Wild lebende Pazifische Riesenkraken sind so hingebungsvolle Mütter, dass sie ab dem Moment, in dem sie mit der Eiablage beginnen, nie ihren Bau verlassen, nicht mal, um zu fressen. Eine wild lebende Oktopusmutter hungert die gesamten sechs Monate, in denen sich ihre Eier entwickeln, und es kann sein, dass sie mit ihren letzten Atemzügen ihre geschlüpften Jungen vom Nest in den offenen Ozean bläst.

Aus Octavias unbefruchteten Eiern sollten nie Junge schlüpfen. Dennoch wich sie den Eiern nicht von der Seite.

Fünf Monate lang, dann sechs, dann sieben. Trotz ihrer Hingabe fielen die Eier irgendwann von der Decke, schrumpften und zersetzten sich. Sie blieb unbeirrt bei den übrig gebliebenen sitzen. Acht Monate, neun, dann zehn. Mittlerweile wurde unsere Freundin alt. Obwohl wir sie fütterten, schwand ihre Stärke. Ihre Haut löste sich ab. Ihre Farben verblassten. Sie sah müde und klein aus.

Eines Morgens bemerkte ich, dass eins ihrer Augen geschwollen war. Sie hatte eine Infektion. Wie bei uns allen versagte ihr Körper mit zunehmendem Alter. Ihr Pfleger, der leitende Aquarist Bill Murphy, entschied, dass es am besten für sie sei, sie von der Ausstellungsfläche zu nehmen, damit sie ihre letzten Tage in Ruhe und Dunkelheit verbringen konnte, wie es ein sterbender Oktopus im offenen Meer tun würde.

Ich wollte mich von ihr verabschieden, erwartete aber nicht, dass sie mich noch erkannte. Pazifische Riesenkraken leben nur drei bis fünf Jahre, von denen sie zehn Monate meine Haut nicht geschmeckt und mein Gesicht nicht an der Wasseroberfläche gesehen hatte, weil sie so mit ihren Eiern beschäftigt gewesen war.

Forscher berichten von Tieren, die Menschen, die zu Beginn ihres Lebens wichtig für sie waren, wiedererkannt haben. Der Löwe Christian wurde von zwei jungen Männern großgezogen. Sie brachten ihn 1971 nach Afrika, um ihn in die Wildnis zu entlassen. Neun Monate später besuchten die Männer ihn. Christian rannte ekstatisch auf sie zu und rieb sein Kinn an ihren Gesichtern. Der Gorilla Kwibi war in einer englischen Zuchtstation geboren worden, von der aus er später in die Wildnis entlassen wurde. Fünf Jahre nach seiner Freilassung in Gabun besuchte ihn sein früherer Pfleger, Damien Aspinall. Obwohl sie Kwibis halbes Leben hindurch getrennt gewesen waren, begrüßte der Gorilla seinen Freund schnuppernd, rieb seine Nase an ihm und umarmte ihn – und dann stellte er ihn seiner Gorillafamilie vor. Doch das sind Säugetiere mit großen Gehirnen. Würde sich Octavia überhaupt an mich erinnern?

Wilson schraubte den Tankdeckel ab und wir lehnten uns darüber und sahen hinein.

Wir konnten Octavia am Boden sehen. Sie war alt, krank und lag im Sterben. Aber trotzdem kam sie nahezu unmittelbar an die Oberfläche. Sie sah uns an und hielt uns ihre Saugnäpfe hin.

Wir gaben ihr einen Fisch, aber sie ließ ihn fallen. Sie war nicht am Fressen interessiert. Stattdessen blieb sie – obwohl das für sie ganz schön mühevoll gewesen sein muss – viele Minuten lang oben bei uns, hielt uns und schmeckte uns, als wir zum letzten Mal ihre seidige Haut streichelten.

Kurz darauf starb Octavia, und ich schrieb in meinem Buch über unsere letzte Begegnung. Nicht viele hätten gedacht, dass Leben und Tod eines kurzlebigen wirbellosen Tiers Hunderttausende Leser weltweit zu Tränen rühren würden – aber so war es. Ihr Leben war von Bedeutung.

Jane Goodall schrieb etwas Ähnliches in einem Artikel, den sie für die Ausgabe des 1. Oktober 1972 der *Sunday Times of London* verfasste. Darin gedachte Goodall einer Schimpansin namens Flo, dem höchstrangigen Weibchen ihrer Gemeinschaft. Seit die Wissenschaftlerin 1960 in Gombe, Tansania, angekommen war, war sie Flo gefolgt und hatte über sie geschrieben. »Flo hat viele Beiträge zur Wissenschaft geleistet. Sie und ihre große Familie lieferten uns Unmengen an Informationen über das Verhalten ihrer Art«, schrieb Goodall. »Aber auch wenn niemand die Schimpansen von Gombe erforscht hätte, so hätte Flos Leben voller Elan und Liebe dennoch etwas bedeutet.«

Das trifft sicherlich auch auf Octavia zu – und auf jedes Tier, egal ob wild oder in Gefangenschaft lebend. Ich hoffe, dass wir unsere Erkenntnisse über ihr Leben nicht nur zur Erweiterung des menschlichen Wissens nutzen, so wertvoll das auch sein mag, sondern auch, um zu ehren, wer diese Tiere sind: Individuen, die diesem großartigen Leben so eng verbunden sind wie wir, deren Leben auf seine Weise ebenso bedeutsam und wichtig ist wie unseres.

Oktoprofile

WARREN K. CARLYLE IV

Oktopusse zeigen, verglichen mit allen anderen Tieren im Ozean, eine erstaunliche und eigentümliche Vielfalt. Es gibt mehr als 300 Arten weltweit, und da sie von Wissenschaftlern immer mehr Aufmerksamkeit erhalten, tauchen laufend neue Arten auf. Manche sind frech, manche schüchtern und manche sind geschmeidig. Einer – wie Sie hier sehen werden – ist behaart. Diese 16 Profile zeigen einige der wundersamsten uns Menschen bekannten Oktopusse (und Tintenfische). Und so majestätisch sie auch sein mögen: Sie repräsentieren nur eine kleine Stichprobe der unermesslichen Mysterien des Meeres. Es gibt noch so viel über diese großartigen Geschöpfe herauszufinden.

OKTOPROFILE

Gewöhnlicher Krake

Octopus vulgaris

LEBENSERWARTUNG: 12–15 Monate

GRÖSSE: 1,30 Meter

GEWICHT: 10 Kilogramm

VERBREITUNG: Tropische, subtropische und gemäßigte Ozeane weltweit

NAHRUNG: Krabben, Muscheln, Bauchfüßer, Vielborster, andere Krebstiere, Kopffüßer, verschiedene Arten Knochenfische

GRÖSSENVERGLEICH MIT EINEM MENSCHEN (1,80 M): 

Der Gewöhnliche Krake lebt in warmen Gewässern überall auf der Welt – und diese Allgegenwärtigkeit brachte ihm seinen eher herabwürdigenden Artennamen ein: *vulgaris*, gewöhnlich. Allein schon sein Verhalten zeigt, dass er einen besseren Namen verdient hätte.

Er ist ein kluger Problemlöser und benutzt sein Gewebe, um Beute zu fangen und festzuhalten. Er kann Wasser aus seinem Trichter spritzen, um Sedimente von Korallen oder Felsspalten wegzuwaschen, was versteckte Leckereien offenbart.

Er kann seine kräftigen Arme und Saugnäpfe verwenden, um ein Weichtier zu knacken, oder seine Raspelzunge, um Schalen aufzubrechen und Futter herauszuholen. Die Zunge kann auch Oberflächen säubern und ein lähmendes Gift in Beutetiere injizieren. Robben, Barrakudas und Aale jagen den Gewöhnlichen Kraken, aber er hat zahlreiche Verteidigungsmechanismen. Er kann geruchlich mit seiner Umgebung verschmelzen, wobei er einen für Fressfeinde abstoßenden Geruch generiert, außerdem dunkle Tinte aus seinem Trichter ausstoßen. Bei einer Konfrontation rudert der Gewöhnliche Krake wild mit seinen Armen, um einen Fressfeind in die Flucht zu schlagen.

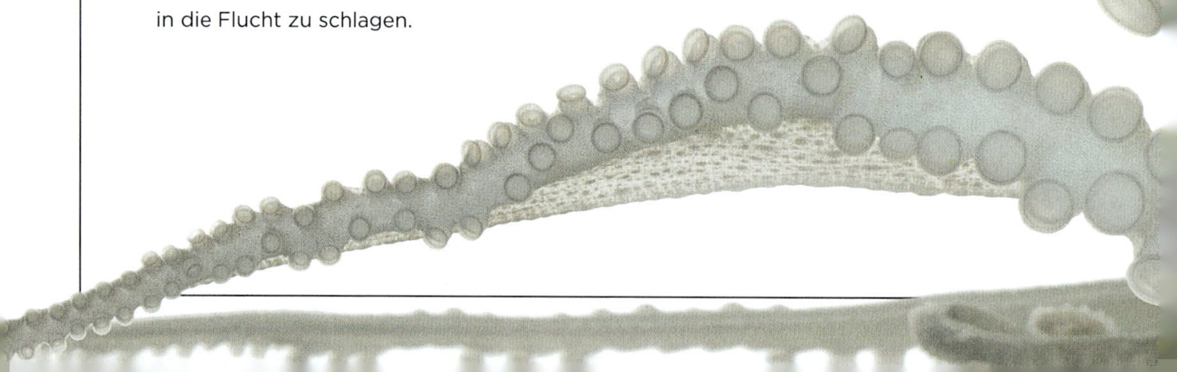

Wunderpus

Wunderpus photogenicus

LEBENSERWARTUNG: Unbekannt

GRÖSSE: 40,6 Zentimeter

GEWICHT: 7–11 Gramm

VERBREITUNG: Tropischer Südwestpazifik

NAHRUNG: Kleine Krebstiere, Fische

GRÖSSENVERGLEICH MIT EINER HAND:

In einer Welt aus Sand, Schlamm und Schotter verleihen ihm sein unverwechselbares Zuckerstangenmuster und seine großen Stielaugen ein faszinierendes Erscheinungsbild. Dieses außergewöhnliche Geschöpf bevorzugt weiche Sedimentböden, in die es sich tief eingraben und so einen Zufluchtsort schaffen kann. Viele andere Oktopusarten sind Nomaden, der Wunderpus jedoch bleibt seinem Zuhause treu: Es ist bekannt, dass er denselben Bau mindestens drei Wochen am Stück bewohnt. Von dort aus streckt er anmutig seine langen, flachen Arme aus und sucht Felsspalten und Höhlen nach ahnungsloser Beute ab.

Er macht seinem Artennamen alle Ehre und ist unheimlich fotogen. Sein Körper ist ein lebendes Mosaik aus goldenen Schattierungen und aufwendigen Mustern. Sein Stielauge richtet sich über seinem y-förmigen Kopf auf. Streifen zieren seine Arme, die fünf- bis siebenmal so lang werden können wie sein Mantel, der etwa 22,8 Zentimeter lang ist.

Wenn ein kleiner Fisch oder eine Krabbe näherkommt, stellt sich der Wunderpus auf seine Arme. Dann breitet er elegant das Gewebe zwischen seinen Armen zu

einer fallschirmähnlichen Falle aus und injiziert der Beute ein lähmendes Speichelgift, über das nur bestimmte Cephalopoden verfügen. In einer bedrohlichen Situation kann der Oktopus jeden beliebigen Arm abwerfen, dem Verfolger überlassen und dann nachwachsen lassen, sobald er wieder in Sicherheit ist.

Der Wunderpus kann seine Arme auch in Formen verdrehen und verrenken, die Fressfeinde verwirren. Er kann seinen Körper flach machen und seine Haut so verändern, dass er eine Flunder am Meeresboden nachahmt, seine Arme spiralartig verschrauben, um die Bewegungen einer Seeschlange zu imitieren, oder seinen Körper wellenförmig bewegen, um die pulsierende Bewegung einer Qualle vorzutäuschen – alles Fähigkeiten, mit denen er seinem Namen alle Ehre macht.

Karibischer Zwerg-Oktopus

Octopus mercatoris

LEBENSERWARTUNG: 8–10 Monate

GRÖSSE: 11,43 Zentimeter

GEWICHT: 28,3 Gramm

VERBREITUNG: Karibik, Golf von Mexiko, seichte Küstengewässer vor Florida

NAHRUNG: Krabben, Shrimps, kleine Fische

GRÖSSENVERGLEICH MIT EINER HAND: 

Der Karibische Zwerg-Oktopus ist ein murmelgroßes Wunder. Er bevorzugt seichte (höchstens fünf Meter tiefe) Seegrasflächen, die hervorragend geeignet sind, um sich vor Fressfeinden und Schnorchlern gleichermaßen zu verstecken. Obwohl er nahe am Ufer in von Schwimmern und Tauchern bevorzugten Gewässern lebt, ist über diese kleine Oktopusart wenig bekannt.

Er zeigt dunkelrote und braune Schattierungen und seine Tarnung funktioniert nachts am besten. Trotz ihrer geringen Größe sind diese Oktopusse geschickte Jäger und dafür bekannt, kleine Fische, Krabben und Shrimps mit erstaunlicher Präzision zu erbeuten. Sie gelten als Beute für größere Meerestiere, verfügen jedoch über einen potenten Verteidigungsmechanismus: Sie können eine dicke Tintenwolke ausstoßen, mit der sie ihre Fressfeinde verwirren, während sie schnell flüchten.

Lange wurden Angehörige dieser Oktopusart als Einzelgänger angesehen, doch kleine Ansammlungen Karibischer Zwerg-Oktopusse wurden gelegentlich unter Felsen in flachem Gewässer beobachtet. Die Einzelheiten ihres Soziallebens sind jedoch immer noch geheimnisumwittert und Wissenschaftler versuchen zu verstehen, wie und warum Oktopusgemeinschaften entstehen und funktionieren.

Sie gehören zu den kleinsten bekannten Spezies, weisen aber ein bemerkenswertes Fortpflanzungsvermögen auf. Die Weibchen legen zwischen 50 und 320 Eier pro Brut, aus denen sofort zur Jagd bereite Junge schlüpfen, die über dem Meeresboden umherstreifen. Die großen Eier machen diese Art bei Heimaquaristen beliebt und zu einer der bekanntesten Kopffüßerarten im Handel.

Kokosnuss-Oktopus

Amphioctopus marginatus

LEBENSERWARTUNG: 1–2 Jahre

GRÖSSE: 30 Zentimeter

GEWICHT: 0,45 Kilogramm

VERBREITUNG: Tropischer Indischer und Westpazifischer Ozean

NAHRUNG: Krabben, Muscheln, Fische, Shrimps

GRÖSSENVERGLEICH MIT EINER HAND:

Der Kokosnuss- oder Ader-Oktopus zeigt sein Gefäßsystem auf seiner Hautoberfläche. Dunkellila Venen sind in seinem Kopf sichtbar und verlaufen über seine Arme. Die kognitiven Fähigkeiten dieses Tiers überraschen. Der Kokosnuss-Oktopus sucht und verwendet Werkzeuge zum Jagen und Verstecken. Andere Arten wurden dabei beobachtet, wie sie Steine bewegen, hochheben und tragen, um ihre Verstecke zu barrikadieren. Aber diese Art arbeitet mit diversen Materialien und verwendet auch außerhalb ihres Baus Gegenstände zu verschiedenen Zwecken. Sie nutzt Kokosnuss- oder Muschelschalen als tragbaren Unterschlupf. Ein Kokosnuss-Oktopus hält sie von oben mit sechs seiner Arme fest, die übrigen beiden Arme tippeln über den Meeresboden. Für Zuschauer sieht das aus wie eine Schale oder Muschel auf Stelzen.

Kokosnuss-Oktopusse zwängen sich auch in verlassene Muschelschalen und halten mit ihren Saugnäpfen die Hälften zu, wodurch sie Verstecke auf dem Ozeanboden bilden. Es ist dokumentiert, dass diese Spezies alle möglichen Arten von Abfall verwendet – sogar zerbrochene Glasflaschen –, um sich Zufluchtsorte zu schaffen. Die Weibchen suchen sich solche Objekte, um in Ruhe ihre Eier abzulegen.

Pazifischer Riesenkrake

Enteroctopus dofleini

LEBENSERWARTUNG: 3–5 Jahre

GRÖSSE: 2,70–4,80 Meter

GEWICHT: 71 Kilogramm

VERBREITUNG: Küstengebiete des Nordpazifiks

NAHRUNG: Krebstiere, Muscheln, Stachelhäuter, Armfüßer, Haifischeier, Seevögel (selten)

GRÖSSENVERGLEICH MIT EINEM MENSCHEN (1,80 M):

Der Pazifische Riesenkrake ist die größte Oktopusart der Welt und verfügt über ein dazu passendes Gehirn.

2010 zeigte eine Studie des Seattle-Aquariums, dass diese Wirbellosen soziale Bindungen mit ihren Pflegern eingehen können. Zwei Wochen lang setzten die Forscher acht Oktopusse zwei verschiedenen Menschengruppen aus. Die eine fütterte die Tiere im gesamten Zeitraum, die andere pikste sie mit einem Stock. Nach Ablauf der zwei Wochen stellten die Forscher fest, dass die Oktopusse lieber mit den Menschen interagierten, die sie gefüttert hatten. Sie waren in ihrer Gegenwart auch deutlich entspannter und spielten, anders als bei denen, die sie gepikst hatten.

Aber Nahrungsmotivation ist nicht immer nötig, um die neun Gehirne eines Pazifischen Riesenkraken zu stimulieren. Verschiedene in Gefangenschaft lebende Exemplare haben die Fähigkeiten gezeigt, Werkzeug zu verwenden, Puzzles zu machen und einfach nur zu spielen. Sie öffnen Schraubgläser, lösen Rubik-Würfel und lassen in ihren Wassertanks durch den Antrieb ihrer Trichter nur so zum Spaß Gegenstände kreisen. Wie wir auch scheinen sie durch häufige Wiederholung dieser Aktivitäten das Interesse daran zu verlieren. Es langweilt sie, immer wieder das Gleiche zu tun.

Großer Blauer Krake

Octopus cyanea

LEBENSERWARTUNG: 12–15 Monate

GRÖSSE: 1 Meter

GEWICHT: 5,90 Kilogramm

VERBREITUNG: Tropischer Pazifischer und Indischer Ozean

NAHRUNG: Schalentiere, hauptsächlich Krabben

GRÖSSENVERGLEICH MIT EINEM MENSCHEN (1,80 M): 

Der außergewöhnliche Große Blaue Krake wendet durchtriebene Taktiken und strategische Partnerschaften an, um sich in der dynamischen und umkämpften Welt des Korallenriffs zu behaupten. Fressfeinde wie Schnapperfische und Barrakudas jagen ihn, wenn er sich durch das labyrinthartige Riff mit seinen Winkeln und Schlupflöchern schlängelt, doch er hat in seinen wirbelnden Armen einige Tricks versteckt. Er kann seine Farbe von einem dezenten Beige zu einem kräftigen Braun wandeln, und wenn ein in der Nahrungskette höherstehendes Tier seine Tarnung durchschaut, nutzt er seine augenförmigen Flecken, die Ocelli. Er spreizt die Arme, bläht sich auf und sieht mit den Ocelli dann aus wie ein gefährliches Raubtier.

Das kann Angreifer so lange einschüchtern, dass er fliehen kann.

Diese Kraken sind wahrscheinlich in der Lage, räumliches Denken zur Orientierung zu nutzen und so ihre Umgebung zu verstehen und sich einzuprägen. Im Labor haben Forscher diese Fähigkeit getestet, indem sie zunächst Plastikmarker neben Futter aufstellten und dann deren Standort veränderten. Die Tiere fanden die Marker dennoch. Diese Beobachtung lässt vermuten, dass Große Blaue Kraken – zusätzlich zum Input von Saugnäpfen, Geschmack oder Berührung – zur Erkundung ihrer Umgebung visuelle Orientierungspunkte wie Felsen, Korallengebilde und andere erkennbare Merkmale nutzen.

Trotz seiner beeindruckenden Fähigkeiten tut er sich hin und wieder zur Jagd mit hilfreichen Fischen wie dem Weißsichel-Juwelenbarsch zusammen. Dieser sieht Beute schon aus mehr als 30 Metern Entfernung, und es wurde beobachtet, dass er deren Position durch »subtile Kopfbewegungen«, wie Forscher sie bezeichnen, an den Oktopus weitergibt. Im Gegenzug kann dieser Beute auch aus engen Spalten herausholen oder -spülen, sodass beide Arten davon profitieren.

Opportunistische Diebe wie der Silberfleck-Husarenfisch lauern gern in der Nähe dieses Zweckbündnisses, um auch etwas von der Mahlzeit abzubekommen. Doch der Große Blaue Krake hat einen kräftigen Armschlag, mit dem er Schmarotzer abwehrt und durch eine peitschenartige Bewegung sämtliche plündernden Fische verscheucht.

Blaugeringelter Krake

Hapalochlaena lunulatp

LEBENSERWARTUNG: 2 Jahre

GRÖSSE: 20 Zentimeter

GEWICHT: 100 Gramm

VERBREITUNG: Südwestlicher Pazifik und östlicher Indischer Ozean

NAHRUNG: Hauptsächlich Krebstiere

GRÖSSENVERGLEICH MIT EINER HAND: 

Der Blaugeringelte Krake ist nicht größer als eine menschliche Hand breit und verbirgt ein tödliches Sekret in seinem Schnabel: das Nervengift Tetrodotoxin (TTX), produziert von einem symbiotischen, in seinen hinteren Speicheldrüsen lebenden Bakterium.

TTX bringt die Funktion der Nervenzellen zum Erliegen, indem es ihre Natriumkanäle blockiert, was innerhalb von Sekunden zur Lähmung führt. Der Biss fühlt sich vielleicht nicht schmerzhaft an, aber ein Milligramm TTX kann für Menschen bereits tödlich sein. Betroffene berichten von Brennen und Kribbeln, Benommenheit, Muskelschwäche, Seh- und Sprechstörungen. Ernste Fälle verursachen Lähmung und Atemversagen, und es ist kein Gegengift bekannt. Zum Glück sind diese Geschöpfe Menschen gegenüber nicht aggressiv und greifen nicht an, wenn sie nicht provoziert oder falsch behandelt werden.

Kommt es jedoch zu einer Bedrohung, ist der Blaugeringelte Krake bereit. In weniger als einer Sekunde wird das Braun seines Körpers zu einem hellen Gelb mit bis zu 60 schillernden blauen Ringen. Jeden Ring umgibt ein Rand aus dunklen Chromatophoren, was ein irritierendes Muster erzeugt und jede andere Art abschreckt und davon abhält, sich ihm zu nähern und seinem bösen Biss auszusetzen.

Löcherkrake

Tremoctopus sp.

LEBENSERWARTUNG: 3–5 Jahre

GRÖSSE: 99 Zentimeter

GEWICHT: 10 Kilogramm

VERBREITUNG: Tropische und subtropische Ozeane weltweit

NAHRUNG: Kleine Weichtiere, Fische, Quallen

GRÖSSENVERGLEICH MIT EINEM MENSCHEN (1,80 M): 

Das Löcherkrakenweibchen (abgebildet) lebt ein Nomadenleben. Wenn es durch den Ozean gleitet, umweht sein Segel – ein fließendes, transparentes Gewebe, das vier ihrer Arme verbindet – es wie ein zarter Umhang. Bei Sonnenschein projiziert das Segel ein Farbenkaleidoskop und verwandelt den Oktopus in einen lebendigen, atmenden Regenbogen.

Doch das offene Meer ist voller Gefahren für das Weibchen. Große Raubfische wie Thunfische, Fächerfische und Haie sehen in ihm eine Delikatesse. Das Löcherkrakenweibchen ist jedoch ein hervorragender Gegner. Indem es sein Segel entfaltet und seine auffälligen Augenflecken zeigt, schüchtert es alle ein, die sich ihm nähern. Sollte diese Pracht nicht ausreichen, um einen Fressfeind abzuschrecken, kann es Teile seines Segels entlang sichtbarer Bruchstellen bewusst abwerfen und damit große Verwirrung stiften. Und wenn es kämpfen muss, zeigt es beachtliche Fähigkeiten. Es ist bekannt, dass die Weibchen dieser Art die giftigen Tentakel einer Por-

tugiesischen Galeere, einer den Quallen ähnlichen Seeblase, abreißen können.

Während das Weibchen im offenen Ozean überlebt, bemüht sich das Männchen, es zu finden. Es ist klein – nicht größer als eine Erdbeere –, aber entschlossen. Hat sein Instinkt es zu einer Partnerin geführt, stößt es seinen mit Spermien beladenen Fortpflanzungsarm ab. Zwar stirbt es kurz darauf, doch nur so kann es das Fortbestehen der Spezies sichern.

Der abgestoßene Arm wandert zur Befruchtung in den Mantel des Weibchens. Möglicherweise trifft er dort auf andere Fortpflanzungsarme früherer Verehrer. Das Weibchen produziert mehr als 100 000 Eier in einem Gelege, die es mit schwammähnlichen Stängeln an sich befestigt. Diese sind aus Kalziumkarbonat aus Teilen seines Mantels entstanden. Es ähnelt dem Material, aus dem Korallenskelette, Eierschalen, Perlen und Muschelschalen bestehen und stellt ein sicheres Zuhause für die reifenden Eier dar.

In ihren Entwicklungsphasen durchlaufen die Eier eine bestimmte Farbenabfolge. Zu Beginn sind sie weiß, die weiter entwickelten Embryos werden rosa und die fortgeschrittensten nehmen eine dunkle Grauschattierung an. Unterwegs im offenen Meer nutzen Löcherkrakenmütter ihr Segel, um ihre Eier zu schützen, und halten ihre Brut nah bei sich, um ihr Überleben zu sichern.

Prachtsepia

Metasepia pfefferi

LEBENSERWARTUNG: 1–2 Jahre

GRÖSSE: 10–13 Zentimeter

GEWICHT: 42,5 Gramm

VERBREITUNG: Tropischer Indopazifik

NAHRUNG: Fische, Krebstiere

GRÖSSENVERGLEICH MIT EINER HAND: 

Prachtsepien verbringen die meiste Zeit getarnt auf dem sandigen Boden des Indopazifiks und ähneln dabei einem Haufen Schlamm. Mit mehr farbverändernden Zellen pro Quadratzentimeter als jeder andere Kopffüßer ist ihre Fähigkeit, inkognito zu bleiben, unübertroffen.

Dieser einzelgängerische Tintenfisch durchquert Korallenriffs, ist aber kein effizienter Schwimmer. Sein rautenförmiger Schulp – eine innere Kalkschale, die so lang ist wie sein Körper und ihm statischen Auftrieb gibt – erschwert das Gleiten. Stattdessen bewegt sich die plumpe, regenbogenfarbene Sepia mit ihren Vorderarmen und einem Paar unter ihrem Mantel befindlichen Verlängerungen der Hinterlappen fort: die maritime Version des Power Walking.

Innerhalb von sieben Zehntelsekunden kann sich die Prachtsepia von einem eintönigen Sandhaufen in ein schillerndes Farb- und Bewegungsspektakel verwandeln. Dank schneller neuraler Verbindungen zwischen den Chromatophoren kann sie ein hinreißendes Farbkaleidoskop zeigen – Weiß, Gelb, Rot und Braun – und Muster erzeugen, um Fressfeinde zu verwirren oder potenzielle Partner zu umwerben, was ihr den Namenszusatz »Pracht-« eingebracht hat. Die Männchen zeigen eine zauberhafte Vorführung: Sie werden schneeweiß mit pinkfarbenen Armspitzen, während sie vor dem Weibchen vibrieren und sich auf und ab bewegen. Diese Shows haben jedoch ihren Preis: ein erhöhtes Risiko, die Aufmerksamkeit von Fressfeinden zu erregen.

Die Prachtsepia beobachtet und lernt schon vor dem Schlüpfen, im Ozean zu überleben. Die in transparenten Eiern wachsenden Embryos betreiben sogenanntes embryonales Lernen und sammeln, während sich ihre Augen entwickeln, wertvolle Informationen über ihre Umgebung. Zum Beispiel können ungeborene Tintenfische eine visuelle Vorliebe für eine bestimmte Beute entwickeln, wenn sie diese oft vor ihren Eiern auftauchen sehen. Sind sie dann geboren, wissen die Baby-Tintenfische bereits, welche Nahrung in ihrer Gegend häufig vorkommt und welche seltener zur Verfügung steht.

Karibischer Riffkrake

Octopus briareus

LEBENSERWARTUNG: 10–12 Monate

GRÖSSE: 61 Zentimeter von Armspitze zu Armspitze

GEWICHT (WEIBCHEN): 1–1,5 Kilogramm

VERBREITUNG: Seichte Korallenriff-Lebensräume in der Karibik, Südflorida und nördliches Südamerika

NAHRUNG: Krebstiere, Fische, Muscheln, Würmer

GRÖSSENVERGLEICH MIT EINER HAND:

Der Karibische Riffkrake verbringt seine Tage in Flachwasserriffs versteckt. Dieser geschickte Kopffüßer ist ein Meister der Tarnung, der sich dank seiner kaleidoskopartigen Haut, die Schattierungen von Korallen, Felsen und Seegras imitieren kann – von leuchtendem Orange und Pink bis zu fleckigem Braun –, nahtlos in seine Umgebung einfügt.

Nachts verlässt er seinen Bau, um zu jagen, zwängt seinen knochenlosen Körper durch Korallenlabyrinthe und windet sich auf Nahrungssuche durch seine Umwelt.

In seinem Jagdrevier breitet er sein Gewebe wie einen Fallschirm aus, hüllt kleine Korallen ein und fängt seine ahnungslose Beute. Dann benutzt er seine Armspitzen wie einen feinen Kamm und stochert in jeder Felsspalte nach Würmern und Schalentieren. Hat er dann eine Köstlichkeit aus einem Versteck gezogen, verwendet er seine kräftigen Saugnäpfe als Förderband, um sie zu seinem Schnabel zu transportieren.

Die Saugnäpfe sind äußerst kräftig und widerstandsfähig. Die Kraken können sich an Angreifern festhalten, um nicht aufgefressen zu werden, oder an glitschige Beute klammern.

Papierboot (Argonaut)

Argonauta argo

LEBENSERWARTUNG: Unbekannt

GRÖSSE: 43 Zentimeter

GEWICHT: 30 Gramm

VERBREITUNG: Tropische und subtropische Ozeane weltweit

NAHRUNG: Quallen, Salpidae, Krebstiere

GRÖSSENVERGLEICH MIT EINER HAND:

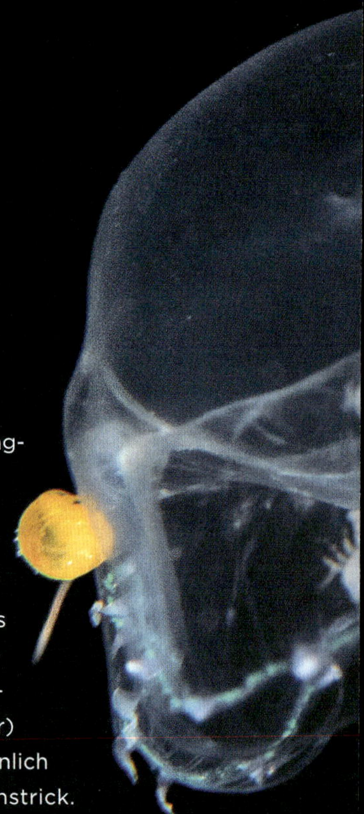

Das Argonauten- oder Papierbootweibchen wendet, während es durch den Ozean treibt, einen genialen Trick an: In seiner zarten Schale steigt es zur Wasseroberfläche auf und schaukelt rückwärts und vorwärts, um Luftblasen zu sammeln. Indem es die Menge der Luft seiner Schale anpasst, steuert es seinen Auftrieb und ist so quasi schwerelos, wodurch es Energie spart und seine Bewegungen lenken kann.

Stunden nach der Befruchtung beginnen die Weibchen, eine dünne Hülle zu produzieren, indem sie Kalzit ausscheiden und hauchdünne Spiralstrukturen um ihre Körper bauen. Die daraus entstehende Konstruktion dient ihnen zur Auftriebsregulierung und als tragbare Kinderstube für ihre Eier.

Das Papierbootmännchen bildet keine Schale aus. Es ist nur 2,5 Zentimeter lang (das Weibchen 43 Zentimeter) und zeigt einen ähnlich pfiffigen Überlebenstrick. Es nutzt gelatinöse maritime Arten wie Salpiden als sicheren Zufluchtsort – halbtransparente röhrenförmige Geschöpfe, die durch den Ozean schweben. Hin und wieder gleiten männliche Papierboote auch oberhalb

wogender Quallenkörper, wobei ihnen die stechenden Tentakel ihrer Gastgeber Schutz bieten, während sie heranwachsen und ihr Hectocotylus sich entwickelt.

Dieser auf die Paarung spezialisierte Arm voller Spermien ist knapp halb so groß wie sein Körper. Niemand hat je Papierboote bei der Paarung beobachtet, aber Wissenschaftler gehen davon aus, dass das Männchen, wenn es auf ein Weibchen trifft, seinen Hectocotylus abstößt und in der Vertiefung ihres Mantels platziert, bevor er den Seneszenz genannten Alterungszustand vor dem Tod erreicht.

OKTOPROFILE

Behaarter Oktopus

Wissenschaftlicher Name noch nicht festgelegt

LEBENSERWARTUNG: Unbekannt

GRÖSSE: 5 Zentimeter

GEWICHT: 5 Gramm

VERBREITUNG: Seichte Korallenriff-Lebensräume in der Karibik, Südflorida, nördliches Südamerika

NAHRUNG: Krebstiere, Fische, Muscheln, Würmer

GRÖSSENVERGLEICH MIT EINER HAND:

Der eigentümlich behaarte Oktopus ist in der Schicht aus Schutt, Muschelschalen, Steinchen und abgebrochenen Korallen beheimatet, die den Meeresboden bedeckt. Sein Körper, mit feinen, Papillen genannten Haaren bedeckt, schwebt in den Gezeitenströmen von Ebbe und Flut. Das flaumige Kriechtier ist ein Profi, wenn es darum geht, nahtlos mit seiner Umwelt zu verschmelzen.

Indem er die Strömungen entlanggleitet, bewegt er sich durchs Wasser. Er wartet, bis sie in die gewünschte Richtung ziehen, bevor er auf ihnen trampt und zum nächsten Ort segelt. Er kann sich auch mit seinem Trichter fortbewegen, aber die unauffälligere, strömungsbetriebene Methode spart Energie und hält seine Tarnung aufrecht. Er sieht aus wie ein Teil einer Pflanze, ein Meeres-Steppenläufer. Mit seiner Fähigkeit, die Farbe von Weiß zu Creme, von Braun zu Rot sowie sämtlichen Schattierungen dazwischen zu ändern, ist er ein Meister der Tarnung und oft fast nicht von einer über den Ozeanboden treibenden Alge zu unterscheiden.

Hypnotische weiße Blitze leuchten markant um seine Augen auf – sind bisher jedoch von der Wissenschaft nicht erklärbar. Vielleicht dient dieses fesselnde Schauspiel zum einen als Taktik, um Fressfeinde einzuschüchtern, zum anderen als Effekt, um ahnungslose Beute zu verwirren.

Da er unter den Kopffüßerarten eine der neuesten Entdeckungen darstellt, gibt es über seine Biologie und sein Verhalten noch viel herauszufinden. Dieses Geschöpf erinnert uns daran, wie gering unser Wissen über das Meer ist und wie wichtig die Forschung, um die faszinierenden Wesen auf unserem Planeten besser zu verstehen.

OKTOPROFILE

Gewöhnlicher Tintenfisch

Sepia officinalis

LEBENSERWARTUNG: 1–2 Jahre

GRÖSSE: 48 Zentimeter

GEWICHT: 1,80–3,60 Kilogramm

VERBREITUNG: Mittelmeer, Nord- und Ostsee

NAHRUNG: Krabben, Shrimps, Schnecken, Muscheln, Fische, andere Tintenfische

GRÖSSENVERGLEICH MIT EINER HAND:

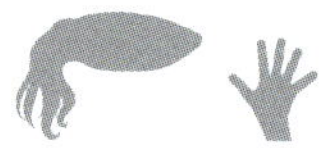

Der faszinierende Gewöhnliche Tintenfisch verbirgt hinter den verwirrenden Zebrastreifen seiner Tarnung beachtliche Mechanismen. Sein Körper ist ein um seinen Schulp zentriertes Naturwunder – diese innere, gasgefüllte Struktur nutzt er, um seinen Auftrieb zu steuern und beliebig und präzise im Wasser zu schweben und zu tauchen.

Die poröse Struktur des Schulps kann enormem Druck bis zu 2,027 Kilopascal widerstehen und bricht nicht. Seine Eigenschaften erwecken den Neid von Ingenieuren, wegen seiner idealen Kombination aus Leichtigkeit (wie sie in Metallschaum-Werkstoff vorherrscht) und Festigkeit (wie in der Schaumkeramik).

Dieser Knochen kann Flüssigkeit aufnehmen oder abgeben und so seine Dichte variieren. Wird er dichter als Meerwasser, kann das Tier problemlos tauchen; ist er weniger dicht, schwimmt es nach oben. Möchte es schweben, reguliert es seine Dichte so, dass es in der gewünschten Tiefe ein Gleichgewicht mit dem Meerwasser erreicht.

Der Gewöhnliche Tintenfisch jagt mit zwei langen, zurückziehbaren Tentakeln, zusätzlich zu seinen acht Armen. Auf der Suche nach Nahrung verändert seine Haut Farbe und Textur: eine lebendige Leinwand aus Chromatophoren, Leucophoren und Iridophoren, die es ihm ermöglichen, in ruhigen Momenten mit anderen Tintenfischen zu kommunizieren und sich bei Bedrohung zu tarnen. Geht es um Leben und Tod, kann er eine Tintenwolke ausstoßen und fliehen.

In der Paarungszeit führen Männchen und Weibchen einen aufwendigen Tanz aus Farben und Gesten auf, bevor das Männchen seine Spermien mit einem spezialisierten Arm dem Weibchen übergibt. Nach der Befruchtung legt das Weibchen tintenschwarze Eier, knapp so groß wie ein Zehncentstück, auf dem Meeresboden ab. Dank des embryonalen Lernens schlüpfen die Baby-Tintenfische bereits mit dem erforderlichen Wissen über ihre Umwelt und sind bereit, sich auf ihre Reise durch die Unterwasserwelt zu begeben.

Kalifornischer Zweipunkt-Krake

Octopus bimaculoides

LEBENSERWARTUNG: 2 Jahre

GRÖSSE: 58,4 Zentimeter

GEWICHT: 0,91 Kilogramm

VERBREITUNG: Küstengewässer in Kalifornien und Baja California

NAHRUNG: Napfschnecken, Schwarze Abalone, Schnecken, Muscheln, Einsiedlerkrebse, kleine Fische

GRÖSSENVERGLEICH MIT EINER HAND: 

Sein augenfälligstes Merkmal: schillernde blaue Ringe auf einem Muster, das an einen Maschendrahtzaun erinnert, an beiden Kopfseiten. Dies erzeugt eine Illusion, die mögliche Fressfeinde von seinen verletzlichen echten Augen ablenkt. Die Ocelli genannten Kreise hypnotisieren den Betrachter und verschaffen dem Kraken Zeit zu fliehen oder eine Tarnung anzunehmen, mit der er sich in die Umgebung einfügt.

Weibchen durchleiden dramatische und schwierige Schwangerschaften. Sie legen bis zu 800 Eier auf einmal, und sobald die Jungen geschlüpft sind, beginnt bei den Müttern ein von Forschern als Todesspirale beschriebener Zustand.

Während die jungen Kalifornischen Zweipunkt-Kraken ihr Leben auf dem Meeresgrund beginnen, verdreht die Mutter ihre Arme ineinander oder verstümmelt sich. Forscher haben sogar gesehen, wie die Weibchen in dieser düsteren postnatalen Phase die Spitzen ihrer Arme auffraßen. Zwar gilt Kannibalismus unter Oktopusarten nicht als unüblich, Selbstkannibalismus jedoch schon.

Chemische Analysen der Zweipunkt-Krakenweibchen, die diese Veränderungen durchliefen, zeigten, dass sie unter anderem einen Cholesterin-Vorläufer namens 7-Dehydrocholesterin (7-DHC) aus ihrer Sehnervendrüse freisetzen. Bei Menschen können erhöhte 7-DHC-Werte zu einer seltenen Krankheit führen, dem Smith-Lemli-Opitz-Syndrom, bei dem Selbstverletzungen ein Symptom sind. Forscher vermuten bei den Weibchen dieser Art einen ähnlichen Effekt.

Dumbo-Oktopus

Grimpoteuthis spp.

LEBENSERWARTUNG: 3–5 Jahre

GRÖSSE: 20–30 Zentimeter

GEWICHT: Unbekannt

VERBREITUNG: Tropischer und subtropischer Atlantik

NAHRUNG: Würmer, Muscheln, Ruderfußkrebse, Asseln, Flohkrebse

GRÖSSENVERGLEICH MIT EINER HAND: 

Von allen Oktopussen bewohnt der Dumbo-Oktopus den tiefsten Teil des Ozeans: das Bathyal und das Abyssal in bis zu etwa 5000 Metern Tiefe. Seine ohrenähnlichen Flossen, die über seinen Augen aus dem Mantel herausstehen, erinnern an den beliebten fliegenden Elefanten – und er benutzt wie sein Namensgeber seine »Ohren« zur Fortbewegung.

In der tiefschwarzen Welt, in der der Dumbo-Oktopus lebt, herrscht ein immenser Druck – etwa 60,81 Kilopascal in den tiefsten Tiefen der Abyssalzone – und es gibt wenig Leben. Sein glockenförmiger, halbgelatinöser Körper ermöglicht ein effizientes Vorankommen und Navigieren durch die Tiefsee, mit dem schirmartigen Gewebe zwischen seinen Armen kann er sich fortbewegen und Beute fangen. Eine kleine U-förmige Schale in seinem Mantel unterstützt die muskulösen Flossen auf seinem Kopf und macht ihn zu einem besseren Schwimmer.

Der Dumbo-Oktopus hat nur eine Reihe Saugnäpfe je Arm, doch an diesen sitzen fingerähnliche Anhängsel, Cirren genannt, die ihm zusätzliche Geschicklichkeit bieten. Mit ihnen kann er Wasserströmungen erzeugen und kleine Beute zu seinem Mundwerkzeug treiben. Die Cirren sind mit Chemorezeptoren ausgestattet, mittels derer der Oktopus chemische Hinweise erhält, die zur Beutejagd in der Dunkelheit entscheidend sind.

Männliche Dumbos übertragen ihre Spermien dem Weibchen auf unkonventionelle Art: Anders als vielen ihrer Verwandten fehlt den Männchen dieser Art der Hectocotylus, der spezielle Fortpflanzungsarm. Stattdessen verwendet er seine großen Saugnäpfe, um Spermienpäckchen – jedes mit einem Operculum, einer kleinen Schutzhülle, umgeben – direkt in die weibliche Mantelhöhle zu befördern. Das Weibchen bewahrt die Spermien auf und befruchtet ihre kostbaren Eier, wenn sie zur Eiablage bereit ist. Da das Weibchen Eier

in verschiedenen Reifestadien tragen kann, gibt es keine vorgegebene Zeit zur Fortpflanzung, und es befruchtet diese fortlaufend.

Die Eier des Dumbo-Oktopus haben eine Ummantelung, die sich bei Kontakt mit dem kalten Meerwasser verfestigt. Das Weibchen legt sie unter Steinen oder Muscheln ab. Die Hülle ist ein zusätzlicher Schutz für die sich entwickelnden Eier vor hungrigen Fischen, Schalentieren und Haien.

Mimik-Oktopus

Thaumoctopus mimicus

LEBENSERWARTUNG: 1–2 Jahre

GRÖSSE: 48 Zentimeter

GEWICHT: Unbekannt

VERBREITUNG: Tropischer Südwesten des Pazifiks und Rotes Meer

NAHRUNG: Würmer, Stachelhäuter, Krustentiere, Fisch

GRÖSSENVERGLEICH MIT EINER HAND:

Der nomadische Mimik-Oktopus ist in flachen Küstengewässern unterwegs und bewohnt weiche Sedimente wie Schlick oder Sand. An diese besondere Umgebung angepasst, baut er entweder mit seinen langen, geschickten Armen eine Höhle oder bezieht Bauten von Krabben, Fischen oder Würmern. Diese provisorischen Behausungen bieten dem Mimik-Oktopus Zuflucht, während er seinen täglichen Aufgaben der Nahrungssuche und Erforschung der Umgebung nachgeht.

Er unternimmt mehrere Jagdausflüge pro Tag und sucht sich eine köstliche Mischung aus Würmern, Stachelhäutern, Schalentieren und Fischen, die seinen Lebensraum im seichten Wasser teilen. Um eventuell in der Nähe lauernde Fressfeinde zu verwirren, wendet der Mimik-Oktopus seine einzigartigen Verwandlungskünste an.

Ihm wird nachgesagt, Form und Schwimmbewegungen von mindestens 15 verschiedenen Meerestieren nachzuahmen, darunter Flunder und Sandanemonen. Er kann sich schlauchförmig zusammenpressen und die sich windenden Bewegungen einer giftigen Seeschlange mimen, um

Feinde abzuschrecken. Oder er nimmt die Form eines Rotfeuerfischs an und zieht seine Arme so hinter seinem Kopf her, dass sie aussehen wie die Giftflossen dieser Art.

Der Körper des Mimik-Oktopus kann sogar die Farbe der imitierten Art annehmen, sodass seine Feinde verunsichert sind, ob sie einen leckeren Oktopus oder ein ungenießbares oder toxisches Wesen aufgespürt haben. Und wenn es wirklich hart auf hart kommt, wird er eins mit seiner Umgebung und passt Farbe und Textur seiner Haut dem körnigen, glitzernden Meeresboden an.

Danksagungen

s war eine große Freude, an diesem Buch zu arbeiten. Ich danke allen zitierten Wissenschaftlern, Tauchern, Filmemachern und Aquaristen. Ich habe so viel von ihnen gelernt. Insbesondere bin ich denen zu Dank verpflichtet, die sich die Zeit genommen haben, mit mir zu sprechen – manche mehrmals –, und die freundlicherweise das Manuskript in seinen verschiedenen Stadien gelesen haben, um sich zu vergewissern, dass ich ihre faszinierende Arbeit angemessen darstelle.

Es ist eine Ehre für mich, dass Alex Schnell das Vorwort verfasst und mein Freund Warren Carlyle die fabelhaften Artenprofile beigesteuert hat. Toll, dass unsere Namen zusammen in diesem Buch stehen.

Ich möchte auch meinen Kollegen bei *National Geographic* und SeaLight Pictures danken. Ausnahmslos alle Mitarbeiter waren nicht nur kompetent, sondern auch überwältigend hilfsbereit und ermutigend. Ich danke euch dafür, dass ihr dieses wunderschöne Buch gemacht habt – und auch dafür, dass ihr eine großartige Serie realisiert habt.

Ich danke meinen wunderbaren Literaturagenten Molly Friedrich und Heather Carr, die für dieses Projekt den Kontakt zu *National Geographic* hergestellt haben. Ich danke meinem Mann, dem Schriftsteller Howard Mansfield. (Wenn ich drei Herzen hätte, würden sie alle dir gehören!)

Und zu guter Letzt möchte ich all den Oktopussen danken, egal ob wild oder in Gefangenschaft lebend, die ich seit meiner Begegnung mit Athena 2011 kennenlernen durfte. Dieses Buch habe ich ihnen zu Ehren geschrieben, in der Hoffnung, dass die Verbreitung des Wissens über diese erstaunlich klugen und sensiblen Tiere uns dazu inspiriert, ihr Wohl und das aller Wesen zu verbessern.

Bildnachweis

Umschlagvorder- und -rückseite: David Liittschwager/National Geographic Image Collection; S. 2–3: Laurent Ballesta, Gombessa Expeditions, Andromède Océanologie; S. 4: Alex Mustard/ NPL/Minden Pictures; S. 6–7: Gabriel Barathieu/Biosphoto/Minden Pictures; S. 8–9: Enric Sala/ National Geographic Image Collection; S. 10: Alex Mustard/Nature Picture Library; S. 16–17: Steven Kovacs/Biosphoto/Minden Pictures; S. 18: Katherine Lu; S. 23: David Fleetham/ Nature Picture Library; S. 26–27: Alex Mustard/Nature Picture Library; S. 28: Gary Bell/ Oceanwide Images; S. 31: Magnus Lundgren/NPL/Minden Pictures; S. 34–35: Solvin Zankl/ Nature Picture Library; S. 38: Ellen Muller; S. 40–41: David Hall/Nature Picture Library; S. 42: Andre Johnson; S. 44 und 45: David Liittschwager/National Geographic Image Collection; S. 48: Alex Mustard/ Nature Picture Library; S. 52–53 :Paulo de Oliveira/Biosphoto; 57: David Fleetham/Stocktrek Images/Biosphoto; S. 60–61: Gabriel Barathieu/Biosphoto/Minden Pictures; S. 63: William Gladstone; S. 66–67: Ernie Black - @ernieblackphoto; S. 72: Sergio Hanquet/Biosphoto/Alamy Stock Photo; S. 74–75: Hidde Juijn @octoparazzo; S. 76: Gabriel Barathieu/Biosphoto/Minden Pictures; S. 81: SeaTops/Alamy Stock Photo; S. 84–85: Richard Herrmann/Minden Pictures; S. 89: GBH Archives; S. 93: WaterFrame/Alamy Stock Photo; S. 96–97: David Scheel; S. 100: Douglas Seifert; S. 104–105: Andrey Nekrasov/Alamy Stock Photo; S. 108–109: Franco Ban/Biosphoto; S. 110: David Fleetham/Alamy Stock Photo; S. 115: David Liittschwager/National Geographic Image Collection; S. 118–119: Fred Bavendam/Nature Picture Library; S. 123: Ellen Muller; S. 124: David Scheel; S. 128–129: Greg Lecoeur; S. 131: Michael Amor/Alamy Stock Photo; S. 134–135: Justin Gilligan; S. 138: Franco Ban/WaterFrame-Agence/Biosphoto; S. 140–141: Kaspa Blewett/snorkeldownunder; S. 142: Douglas Seifert; S. 146: Magnus Lundgren/Nature Picture Library; S. 152–157: David Liittschwager/National Geographic Image Collection; S. 158–159: Constantinos Petrinos/ NPL/Minden Pictures; S. 160–161: Joel Sartore/National Geographic Photo Ark, fotografiert im Alaska SeaLife Center; S. 162–165: David Liittschwager/National Geographic Image Collection; S. 166–167: Magnus Lundgren/NPL/Minden Pictures; S. 168–169: Joel Sartore/National Geographic Photo Ark, fotografiert im Dallas World Aquarium; S. 170–171: David Liittschwager/National Geographic Image Collection; S. 172–173: Magnus Lundgren/Nature Picture Library; S. 174–175: Fred Bavendam/Nature Picture Library; S. 176–177: Joel Sartore/National Geographic Photo Ark, fotografiert im Riverbanks Zoo and Garden; S. 178–179: David Liittschwager/National Geographic Image Collection; S. 180–181: David Shale/Nature Picture Library; S. 182–183: Jeff Rotman/ Nature Picture Library; S. 190 (o.): David Scheel; S. 190 (Mi.): Annette Matthews Photography, Dallas, TX; S. 190 (u.): Harriet Spark.

Register

Illustrationen werden **gefettet** dargestellt.

Über die Autoren

SY MONTGOMERY ist Naturforscherin und hat mehr als 30 Sachbücher für Erwachsene und Kinder verfasst, darunter *Rendezvous mit einem Oktopus* und das kürzlich erschienene *Of Time and Turtles.* Ihre Abenteuer haben sie mit Silberrückengorillas in Zaire, Vampirfledermäusen in Costa Rica, Delfinen im Amazonas und Baumkängurus in Papua-Neuguinea bekannt gemacht. Sie lebt mit ihrem Mann – dem Autor Howard Mansfield – und Border Collie Thurber in New Hampshire.

WARREN K. CARLYLE IV ist Gründer und CEO von OctoNation, einem gemeinnützigen Fanclub mit einer Million Mitglieder weltweit, der durch Verbreitung von Wissen über Oktopusse für die Wunder des Ozeans begeistern will. Seine Arbeit zum Aufbau einer Community wurde vom Explorers Club, Upworthy und South by Southwest gewürdigt. Er lebt in Austin, Texas.

DR. ALEX SCHNELL, *National-Geographic*-Forscherin, wurde 2023 mit dem National Geographic Society's Wayfinder Award ausgezeichnet und moderiert die Fernsehreihe *Secrets of the Octopus* von *National Geographic.* Als Naturwissenschaftlerin und wissenschaftliche Mitarbeiterin des Labors für Vergleichende Kognition der Universität Cambridge erforscht sie Kopffüßer. Sie lebt in Lake Macquarie, Australien.

Impressum

Verantwortlich: Susanne Caesar
Übersetzung: Mareike Weber
Lektorat: Dr. Juliane Braun
Satz: satz & repro Grieb, München
Korrektorat: Christiane Gsänger
Repro: LUDWIG:media
Umschlagadaption: Mathias Frisch
Herstellung: Bettina Schippel
Printed in Poland by CGS Printing

Bildnachweis:
Umschlagvorderseite: *Octopus berrima*
Umschlagrückseite: *Octopus cyanea*
Beide Fotografien stammen von David Liittschwager/ National Geographic Image Collection

In diesem Buch wird aus Gründen der besseren Lesbarkeit das generische Maskulinum verwendet. Weibliche und anderweitige Geschlechteridentitäten werden dabei ausdrücklich mitgemeint, soweit es für die Aussage erforderlich ist.

Die Deutsche Nationalbibliothek verzeichnet diese Publikation in der Deutschen Nationalbibliografie; detaillierte bibliografische Daten sind im Internet über http://dnb.d-nb.de abrufbar.

Unser komplettes Buchprogramm unter

www.nationalgeographic-buch.de

Titel der englischen Originalausgabe: *Secrets of the Octopus*

Deutsche Ausgabe © 2024
veröffentlicht von NG Buchverlag GmbH in der Bruckmann Verlag GmbH, Infanteriestr. 11a, 80797 München. Lizenznehmer von National Geographic Partners, LLC

This edition is published by NG Buchverlag GmbH through licensing agreement with National Geographic Partners, LLC

2. Aufage 2025
Alle Rechte vorbehalten
ISBN 978-3-98701-060-6

Seit ihrer Gründung 1888 hat sich die National Geographic Society weltweit an mehr als 14 000 Expeditionen, Forschungs- und Schutzprojekten beteiligt. Die Gesellschaft erhält Fördermittel von National Geographic Partners LLC, unterstützt unter anderem durch Ihren Kauf. Ein Teil der Einnahmen dieses Buches hilft uns bei der lebenswichtigen Arbeit zur Bewahrung unserer Welt. Das legendäre NATIONAL GEOGRAPHIC-Magazin erscheint monatlich. Darin veröffentlichen namhafte Fotografen ihre Bilder, und renommierte Autoren berichten aus nahezu allen Wissensgebieten der Welt. National Geographic im TV ist ein Premium-Dokumentationssender, der ein informatives und unterhaltsames Programm rund um die Themen Wissenschaft, Technik, Geschichte und Weltkulturen bereithält. Falls Sie mehr über National Geographic wissen wollen, besuchen Sie unsere Website unter www.nationalgeographic.de.